한식조리기능사
실기 및 호텔한식 실전요리

NCS 기반

김호경· 조윤진· 김효원
황현주· 손혜경· 이재길

🅱 (주)백산출판사

필자의 글

조리기능사 실시 시험과
호텔한식 실전요리를 통해서
셰프들의 진정한 요리를
만나십시오.

오랜 경험에 손맛을 더하다.

음식은 예전에는 단순히 인간의 생존을 위한 필수적인 요소임에 국한되었다면 최근에는 한 국가의 국력과 문화수준을 가늠하는 척도가 됩니다. 특히, 음식은 관광의 기본요소이자 문화를 체험하게 하는 매우 중요한 매개체 역할을 합니다. 뿐만 아니라 그 나라의 음식문화는 국가 이미지 제고 및 경제발전과 직결이 되는 부가가치 산업으로 세계의 많은 나라들은 자국의 문화가 녹아 있는 전통음식을 발전시키기 위해 노력하고 있습니다.

우리에게는 맛과 영양 그리고 건강 등 모든 면에서 우수한 다양한 한국음식이 있습니다. 한식은 과거부터 현재까지 이어지는 우리 고유의 자랑스러운 식문화로 한국음식에 관심을 가진 요리사들이 올바른 철학과 사명감을 가지고서 우리의 전통음식을 계승하고 현대에 맞게 창의적으로 발전시켜, 앞으로 한식이 세계인들에게 더욱 사랑받는 글로벌 외식산업으로 발전해 나아가길 바랍니다.

이 책의 저자는 특급호텔에서 20년간 한식조리 관련해서 쌓아온 실무경험을 바탕으로 첫 번째 한식과 두 번째 한식의 이론 부분에서는 한식의 폭넓은 이해를 돕고자 설명하였으며 세 번째 한식에서는 한식조리기능사 자격증 취득에 필요한 실기시험에 대비토록 하였습니다. 또한, 네 번째 한식은 다년간 호텔주방에서 쌓은 실무경험의 노하우를 실제 음식의 맛과 멋을 낼 수 있도록 호텔한식 실전요리를 다루었고 마지막 다섯 번째 한식에서는 수준 높은 국제요리경연대회 수상 작품을 수록하여 요리 초보자부터 전문 조리인이 되기를 희망하는 분들에게까지 도움이 될 수 있도록 구성하였습니다.

본 책자가 자격증을 취득하고자 하는 분들 및 K-Food의 성장에 현대화한 한식요리의 체계적인 길잡이가 되기를 바랍니다. 끝으로 『한식조리기능사 실기 및 호텔한식 실전요리』를 출판할 수 있도록 여러 가지 도움을 주신 (주)백산출판사 임직원들께 감사를 드립니다.

대표저자 김호경

순서

첫 번째 한식
한식 조리실무의 이해

두 번째 한식
한국음식의 이해

세 번째 한식
한식조리기능사 실기

순서

첫 번째 한식

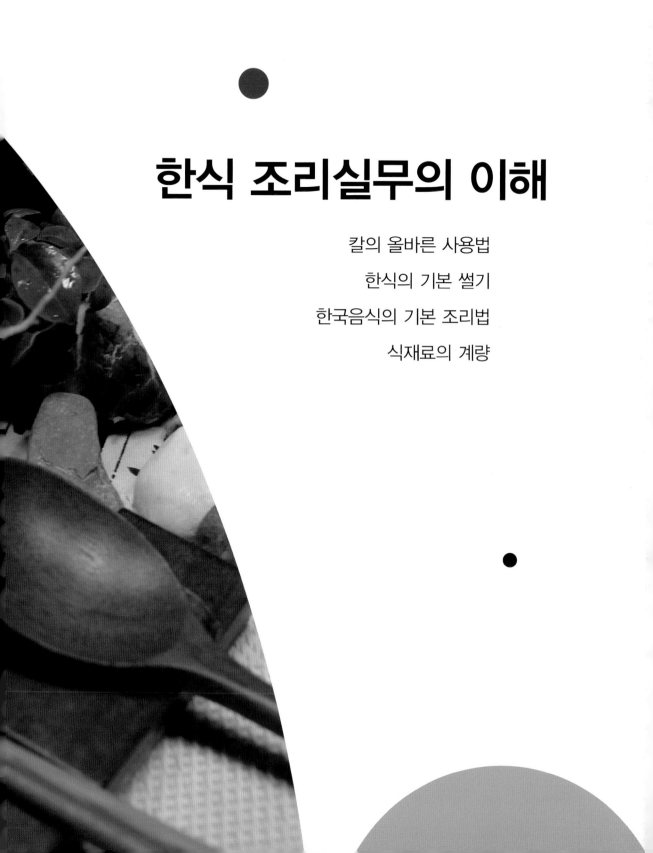

한식 조리실무의 이해

칼의 올바른 사용법

한식의 기본 썰기

한국음식의 기본 조리법

식재료의 계량

1. 칼의 올바른 사용법

칼 사용 시 개인 안전

① 칼을 사용할 때는 안정된 자세로 칼에 시선을 두고 집중하여 조리 작업에 임한다.

② 조리실에서 칼을 들고 이동 시에는 칼을 잡고 있는 손의 허벅지 부분에 붙여서 이동하며 절대로 칼을 움직이며 이동하지 아니한다.

③ 조리작업 시 실수로 칼을 떨어뜨렸을 경우 떨어지는 칼은 잡지 아니한다.

④ 칼은 항상 전용 보관함에 보관한다.

⑤ 싱크대 안에 칼을 놓아두지 아니한다.

※ 칼은 칼날이 무딘 것보다 날카로운 칼이 더욱 안전하다.

칼의 명칭

칼날 끝부분(Tip), 칼등(Spine), 덧받침(Bolster), 리벳(Rivets), 칼날(Cutting Edge), 칼날 뒷부분(Heel), 손잡이(Handle)

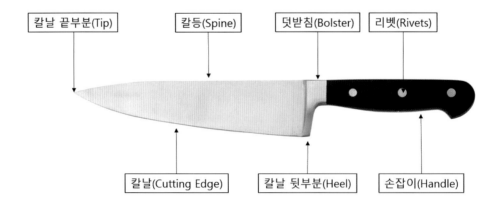

① 칼날(Blades) : 탄소 함량이 높은 고급 스테인리스 스틸로 부식에 매우 강하여 칼날에 주로 사용되며 사용 전과 사용 후 세척하여 완전히 말려 보관하고 무뎌지지 않도록 잘 갈아서 사용한다. 산성 식품과 접촉 시 변색이 될 수 있으며 커다란 충격을 받

을 시 부러질 수도 있다.

② 손잡이(Handle) : 칼 손잡이에 사용되는 재료는 나무나 플라스틱으로 만들어지며 플라스틱 손잡이는 위생적이고 관리가 용이하다.

칼날 다듬기(Sharpening Method)

① 오른손으로 칼의 손잡이를 잡고 숫돌 위에 칼을 올려 준다. 이때 숫돌은 고정되어 있어야 한다.

② 왼손 네 개의 손가락을 이용하여 일정한 압력을 칼날에 유지하여 준다.

③ 숫돌의 표면 위로 칼날의 방향대로 부드럽게 밀어준다.

④ 칼날을 돌려 숫돌의 표면 위로 부드럽게 당겨준다.

⑤ 칼날을 돌려주며 반복한다.

스틸 사용법 I (Steeling Method One)

① 칼날을 강철(steel)의 안쪽 면에 놓고 거의 수직으로 밀어주며 시작한다.

② 칼날을 강철에 따라 아래로 움직일 때 손목을 돌려준다.

③ 칼날 끝부분(Tip)이 강철에 닿지 않을 때까지 밀어준다.

④ 칼날을 강철 바깥쪽에 놓은 상태로 과정을 반복한다.

스틸 사용법 II(Steeling Method Two)

① 칼날 끝부분(Tip)이 미끄러지지 않는 표면에 놓여있는 상태에서 강철(Steel)을 거의 수직으로 유지한다.

② 강철의 한쪽 면에 칼날 뒷부분(Heel)부터 시작한다.

③ 가벼운 압력을 유지하고 팔 동작을 사용하여 칼날을 강철의 샤프트 아래로 밀어주듯이 움직인다.

④ 칼날 끝부분까지 밀어 첫 번째 패스를 완료한다.

⑤ 칼날을 강철 반대쪽에 대고 전체 작업을 반복한다.

칼 잡는 방법(오른손 기준)

① 오른손 엄지는 칼날 옆면과 뒷부분에 위치하고 검지로 덧받침 부분을 감싸며 반대쪽을 잡아준다.

② 나머지 손가락과 손바닥은 덧받침 부분부터 리벳, 손잡이 전체를 움켜 잡아준다.

③ 식재료를 고정하여 잡아주는 왼손은 작은 공을 하나 쥐고 있는 손 모양으로 검지손가락의 첫째 마디와 다른 손가락을 구부리고 오른손이 잡고 있는 엄지 부분 칼날 면에 닿게 하고 썰어준다.

 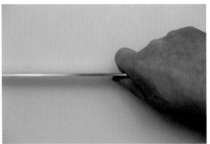

칼 잡는 방법

2. 한식의 기본 썰기

1) 둥글(통) 썰기

둥근 호박 · 오이 · 당근 · 연근 등의 채소를 통째로 써는 방법이다. 이 방법은 재료와 용도에 따라 두께를 조절하며 각 음식에 맞게 조절하여 국 · 조림 · 절임 등에 이용된다.

2) 반달 썰기

채소(야채)를 반달모양으로 써는 방법으로 둥근 호박 · 무 · 감자 · 당근 등을 세로 길이로 반을 가른 후 원하는 두께로 반달모양으로 썰어 주로 찌개 · 조림 등에 이용된다.

3) 은행잎 썰기

애호박 · 감자 등의 한입 먹기 좋게 크기가 큰 재료를 열십자 모양으로 4등분하여 원하는 두께로 은행잎 모양으로 써는 방법으로 주로 찌개나 조림 등의 음식에 이용된다.

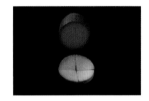

4) 얄팍썰기

원하는 길이로 재료를 자른 후 그대로 얄팍하게 써는 방법으로 두께를 고르게 얇게 썰어 준다. 주로 볶음이나 무침 등에 이용된다.

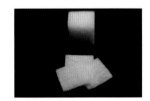

5) 어슷썰기

고추나 오이·당근·파 등 길쭉한 재료를 칼을 옆으로 비껴 어슷하게 써는 방법으로 재료에 따라 밀어 썰기와 당겨 썰기로 재료를 손질한다. 주로 볶음요리 등에 이용한다.

6) 깍둑 썰기

무·감자 등을 가로·세로·두께 모두 2cm~ 3cm 정도의 같은 크기로 막대 썰기 한 다음 주사위 모양으로 써는 방법이다. 주로 깍두기·찌개·조림 등에 이용된다.

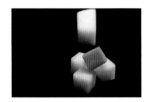

7) 나박 썰기

골패 썰기와 같이 무·당근 등의 둥근 재료를 원하는 길이로 토막 낸 다음 직사각형 모양으로 만들어 준다. 가로·세로가 비슷한 사각형으로 반듯하고 얇게 써는 방법이다.

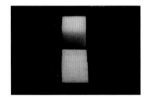

8) 골패 썰기

무·당근 등의 둥근 재료를 원하는 길이로 토막 낸 다음 직사각형 모양으로 만들어 준다. 가장자리를 제거하여 직사각형 모양으로 만든 재료를 납작납작하게 써는 방법이다.

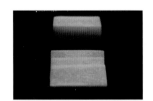

9) 채썰기

무·감자·오이·호박 등을 얄팍썰기 한 다음 이를 포개어 놓고 손가락으로 살짝 누르면서 가늘게 채 써는 방법이다. 주로 생채·구절판·무채 등에 이용된다.

10) 다져 썰기

감자 · 고추 · 오이 · 당근 등을 채썰기하여 재료를 가지런히 모아 잘게 써는 방법이다. 한식에서는 주로 파 · 마늘 등을 다져서 양념을 만드는 데 이용되며 크기는 일정하고 곱게 써는 것이 좋다.

11) 막대 썰기

고기 · 당근 · 오이 등의 재료를 원하는 길이로 토막 낸 다음, 적당한 굵기의 막대 모양으로 산적을 만들 때 많이 활용된다.

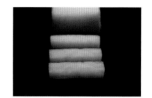

12) 마구 썰기

오이 · 당근 등 비교적 둥글고 긴 재료를 한 손으로 재료를 잡고 좌 · 우나 위 · 아래로 빗겨 가며 한입 크기로 작고 각이 있게 써는 방법이나 주로 채소의 조림에 이용된다.

13) 깎아 썰기

우엉과 같이 단단한 재료들을 연필 깎듯이 돌려 가며 얇게 썰어 주는 방법이다. 칼날의 끝부분을 이용한다.

14) 돌려 깎기

오이 · 애호박 등을 길이 5cm 정도로 토막을 낸 뒤 껍질을 깎듯이 얄팍하게 돌려 가며 깎는 방법이다.

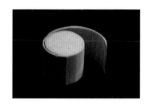

15) 도려내어 썰기

감자 · 무 · 당근 등을 각이 지게 썰어진 재료의 모서리를 얇게 도려내어 각을 제거하여 둥글게 만드는 방법으로, 오랜 시간 동안 끓이거나 조려도 재료의 모양이 뭉그러지지 않아서 재료 모양이 그대로 유지되고 음식의 형태를 잘 살려준다.

16) 솔방울 썰기

오징어를 사용할 때 데치거나 볶을 때 큼직하게 모양내어 써는 방법이다. 반드시 오징어 안쪽에 사선으로 칼집을 넣고 다시 엇갈려 비스듬히 칼집을 넣은 다음 끓는 물에 넣어 살짝 데쳐서 모양을 낸다.

3. 한국음식의 기본 조리법

1) 조리의 목적

(1) 조리의 의미

조리는 넓은 의미로는 식사계획에서부터 식품의 선택, 조리조작 및 식탁차림 등 준비에 서부터 마칠 때까지의 전 과정을 말하나, 좁은 의미로는 식품을 조작하여 먹을 수 있는 음식으로 만드는 것이다.

- 조리의 목적
  - 식품이 함유하고 있는 영양가를 최대로 보유하게 하는 것
  - 향미를 더 좋게 향상시키는 것
  - 음식의 색이나 조직감을 더 좋게 하여 맛을 증진시키는 것
  - 소화가 잘 되도록 하는 것
  - 유해한 미생물을 파괴시키는 것

2) 한국음식의 기본 조리법

(1) 비가열조리

어떤 식품을 생것으로 먹기 위한 조리방법으로 생(生)조리라고도 한다. 겉절이, 생채, 각종 화채 등의 채소나 과일을 이용한 음식류와 생선회 및 육회 등이 있다.

- 비가열조리의 특성
  - 성분의 손실이 적어 수용성 · 열분해성 비타민, 무기질 등의 이용률이 높다.
  - 식품 본래의 색과 향의 손실이 적어 식품 자체의 풍미를 살린다.
  - 조리가 간단하고 시간이 절약된다.
  - 위생적으로 취급하지 않으면 기생충 등 교차오염이 일어난다.

(2) 가열조리

대부분의 식품은 가열조리를 하여 먹는다. 가열 그 자체는 물리적인 조작이나 가열되는 동안 일어나는 성분의 변화는 화학적이다. 가열되는 동안 성분의 변화가 일어나 전혀 다른 맛과 조직감을 갖게 된다. 가열조리 방법으로는 물을 열전달 매체로 하여 가열하는 습열조리방법(삶기, 끓이기, 데치기 및 찌기 등)과 기름이나 복사열에 의해 가열하는 건열조리방법(구이, 볶음, 튀김 및 전 등)이 있다.

4. 식재료의 계량

1) 계량

정확한 계량은 재료를 경제적으로 사용하고 과학적인 조리를 할 수 있는 기본이 된다. 과학적이고 실패 없는 조리를 하기 위해서는 재료의 계량이 정확하게 이루어져야만 가능하다. 저울로 무게를 재는 것이 가장 정확하나 계량컵이나 계량스푼과 같은 기구로 부피를 재는 것이 더 편리하다. 식품의 밀도가 다르기 때문에 정확한 계량기술과 표준화된 기구를 사용하는 것이 중요하다.

(1) 저울

- 저울은 무게를 측정하는 기구로 g, kg으로 나타낸다.
- 저울을 사용할 때는 평평한 곳에 수평으로 놓고 지시침이 숫자 '0'에 놓여 있어야 한다.

(2) 계량컵

- 계량컵은 부피를 측정하는 데 사용된다.
- 미국 등 외국에서는 1컵을 240ml로 하고 있으나 우리나라의 경우 1컵을 200ml로 하고 있다.

(3) 계량스푼

계량스푼은 양념 등의 부피를 측정하는 데 사용되며 큰술(Table spoon, Ts), 작은술(teaspoon, ts)로 구분한다.

2) 계량방법

정확한 계량기구가 있다 하더라도 사용하는 방법에 따라 문제가 생길 수 있고, 계량기구를 부정확하게 사용하면 좋은 품질의 음식을 만들 수 없다. 재료의 계량이 정확하여야만 좋은 품질의 음식을 일관성 있게 만들 수 있다.

(1) 가루 상태의 식품

가루를 계량할 때는 부피보다는 무게로 계량하는 것이 정확하나 편의상 부피로 계량하고 있다. 가루 상태의 식품은 입자가 작고 다져지는 성질이 있기 때문에 덩어리가 없는 상태에서 누르지 말고 수북하게 담아 평평한 것으로 고르게 밀어 표면이 평면이 되도록 깎아서 계량하도록 한다.

(2) 액체식품

기름 · 간장 · 물 · 식초 등의 액체식품은 액체 계량컵이나 계량스푼에 가득 채워서 계량하거나 평평한 곳에 놓고 눈높이에서 보아 눈금과 액체의 표면 아랫부분을 눈과 같은 높이로 맞추어 읽는다.

(3) 고체식품

고체지방이나 다진 고기 등의 고체식품은 계량컵이나 계량스푼에 빈 공간이 없도록 가득 채워서 표면을 평면이 되도록 깎아서 계량한다.

(4) 알갱이 상태의 식품

쌀 · 팥 · 통후추 · 깨 등의 알갱이 상태의 식품은 계량컵이나 계량스푼에 가득 담아 살짝 흔들어서 공극을 메운 뒤 표면을 평면이 되도록 깎아서 계량한다.

(5) 농도가 큰 식품

고추장, 된장 등의 농도가 큰 식품은 계량컵이나 계량스푼에 꾹꾹 눌러 담아 평평한 것
으로 고르게 밀어 표면이 평면이 되도록 깎아서 계량한다.

3) 계량단위

1컵 = 1Cup = 1C = 약 13큰술 + 1작은술 = 물 200ml = 물 200g

1큰술 = 1Table spoon = 1Ts = 3작은술 = 물 15ml = 물 15g

1작은술 = 1 tea spoon = 1ts = 물 5ml = 물 5g

두 번 째 한 식

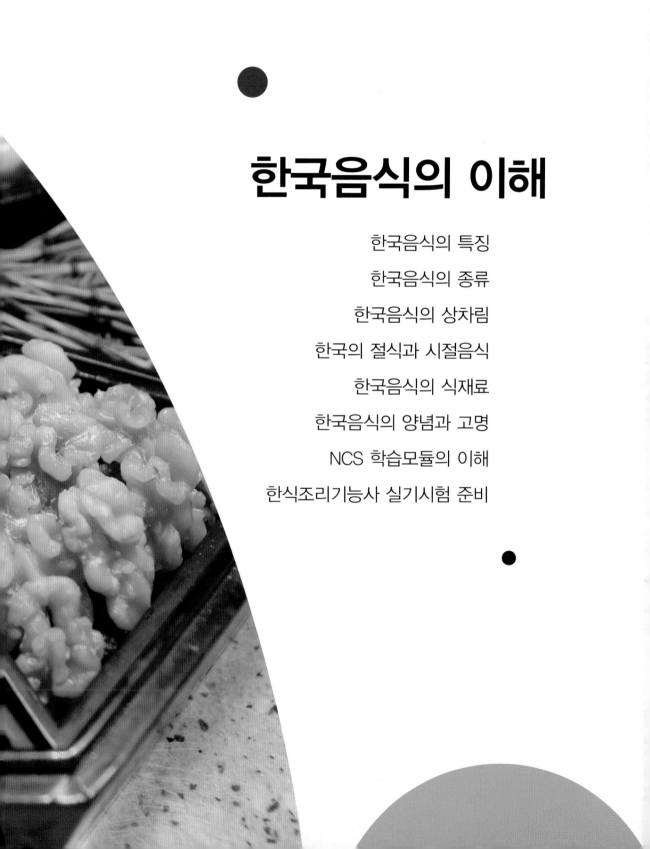

한국음식의 이해

1. 한국음식의 특징

우리나라는 아시아 대륙의 동북부에 위치한 반도국으로 북쪽으로 중국대륙과 연결되어 중앙아시아를 기원지로 하는 농업이 시작된다. 특히 신석기시대 농업으로는 척박한 환경에서도 잘 견디고 생육기간이 짧은 소립곡(小粒穀) 위주의 잡곡류가 재배되기 시작하면서 곡물 중심의 음식문화가 발달하였다. 우리나라의 기후는 봄, 여름, 가을, 겨울 사계절이 뚜렷하고 지역적으로 삼면이 바다로 둘러싸여져 있어 수산물이 풍부하고 채소류와 축산물을 이용한 조리법이 개발되었다. 특히 각 지역에서 나는 산물을 이용한 향토음식과 함께 김치류, 장류, 젓갈류 등 발효식품 및 저장식품들이 발달되었다. 뿐만 아니라 종교적 영향으로 불교 사상의 사찰음식, 유교사상의 반상차림, 의례상차림, 통과의례음식을 비롯하여 명절식(名節食)과 시식(時食)을 즐기는 풍습에 따라서 다양한 음식 문화가 생겨나는 계기가 되었다. 이와 같이 우리나라의 음식문화는 오랜 역사 속에서 자연적인 환경과 문화적 환경 변화에 따라 발달하면서 한국음식만의 고유의 특징들을 가지게 되었다.

- 농경사회의 영향으로 곡물 중심의 음식이 발달하였다.
- 주식과 부식이 분리되어 발달되었다.
- 음식의 종류와 조리법이 다양하다.
- 양념과 고명을 활용하여 음식의 맛과 멋이 다채롭다.
- 음식에 약식동원(藥食同源)의 기본 정신이 깃들어져 있다.
- 상차림에 따른 음식이 다양하게 발달하였다.
- 지역에 맞게 향토음식과 저장발효음식들이 발달하였다.
- 명절음식과 시식이 발달하였다.

2. 한국음식의 종류

1) 주식류

밥

밥은 쌀을 비롯한 곡류에 물을 붓고 가열하여 호화시킨 음식으로, 한국음식의 주식 중 가장 기본이 되는 음식이다. 밥은 넣는 재료에 따라 흰밥을 비롯하여 보리·수수·조·콩·팥 등을 섞어 지은 잡곡밥과 채소류·어패류·육류 등을 섞어 지은 별미밥 및 밥에 나물과 고기를 얹어 골고루 비벼 먹는 비빔밥 등이 있다.

영양밥

죽

죽은 우리나라 음식 중 가장 일찍 발달한 것으로, 곡물의 5~7배 정도의 물을 붓고 오랫동안 끓여 호화시킨 음식이다. 들어가는 재료에 따라 여러 가지로 나눌 수 있다. 죽은 주식 외에도 별미식, 환자식 및 보양식 등으로 이용되어 왔다.

전복죽

국수

국수는 밀가루·메밀가루 등의 곡식가루를 반죽하여 긴 사리로 뽑아 만든 음식으로 젓가락 문화의 발달을 가져 왔다.

비빔국수

만두와 떡국

만두는 밀가루 반죽을 얇게 밀어서 소를 넣고 빚어, 장국에 삶거나 찐 음식으로, 추운 북쪽 지방에서 즐겨먹는 음식이다. 떡국은 멥쌀가루를 찐 후 가래떡 모양으로 만든 후 어슷하게 썰어 장국에 끓이는 음식으로 새해 첫날에 꼭 먹는 음식이다.

떡만둣국

2) 부식류

국

국은 채소 · 어패류 · 육류 등을 넣고 물을 많이 부어 끓인 음식으로, 맑은장국 · 토장국 · 곰국 · 냉국 등으로 나눌 수 있다. 한국의 기본적인 상차림은 밥과 국으로, 국은 우리나라 숟가락 문화를 발달시켰다.

아욱국

찌개

찌개는 국보다 국물은 적고 건더기가 많으며 간이 센 편으로 찌개에는 맑은 찌개와 토장찌개가 있다.

된장찌개

전골

전골은 반상과 주안상을 차릴 때 육류 · 어패류 · 버섯류 · 채소류 등에 육수를 넣고 즉석에서 끓여 먹는 음식으로 여러 재료의 조화된 맛을 즐길 수 있는 음식이다.

두부전골

찜

찜은 주재료에 양념하여 물을 붓고 푹 익혀, 약간의 국물이 어울리도록 끓이거나 쪄내는 음식이다.

갈비찜

선

선은 좋은 재료를 뜻하는 것으로 호박 · 오이 · 가지 · 배추 · 두부 등 식물성 재료에 소고기 · 버섯 등으로 소를 넣고 육수를 부어 잠깐 끓이거나 찌는 음식이다.

오이선

숙채

숙채는 채소를 끓는 물에 데쳐서 무치거나 기름에 볶는 음식으로, 가장 기본적이고 대중적인 부식류이다.

잡채

생채

생채는 계절별로 나오는 신선한 채소류를 익히지 않고 초장 · 고추장 · 겨자즙 등에 새콤달콤하게 무친 것으로 재료의 맛을 살리고 영양의 손실은 적게 하는 조리법이다.

도라지생채

조림

　조림은 육류 · 어패류 · 채소류 등에 간장이나 고추장을 넣고, 간이 스며들도록 약한 불에서 오랜 시간 익히는 조리법이다. 간을 세게 하여 오래 두고 먹는다.

감자조림

초

　초는 해삼, 전복, 홍합 등을 간장양념(간장+설탕 등)을 넣고 약한 불에서 윤기 나게 조리거나 마무리 단계에서 녹말물(녹말가루+물)을 넣어서 국물이 걸쭉한 농도로 윤기 있게 익힌 음식이다.

전복초

볶음

　볶음은 육류 · 어패류 · 채소류 등을 손질하여 기름에만 볶는 것과 간장 · 설탕 등으로 양념하여 볶는 것 등이 있다.

오징어볶음

구이

　구이는 육류 · 어패류 · 채소류 등을 재료 그대로 또는 양념한 다음 불에 구운 음식이다.

더덕구이

전 · 적

전은 육류 · 어패류 · 채소류 등의 재료를 다지거나 얇게 저며 밀가루와 달걀로 옷을 입혀서 기름에 지진 음식이다. 적은 재료를 양념하여 꼬치에 꿰어 굽는 음식이다.

지짐누름적

회 · 편육 · 족편

회는 육류나 어류 · 채소 등을 날로 먹거나 끓는 물에 살짝 데쳐서 초간장 · 초고추장 · 겨자즙 등에 찍어 먹는 음식이다. 편육은 소고기나 돼지고기를 삶아 눌러서 물기를 빼고 얇게 저며 썬 음식이고, 족편은 소머리나 쇠족 등을 장시간 고아서 응고시켜 썬 음식이다.

미나리강회

마른 찬

마른 찬은 육류 · 생선 · 해물 · 채소 등을 저장하여 먹을 수 있도록 소금에 절이고 양념하여 말리거나 튀겨서 먹는 음식이다.

삼색북어보푸라기

장아찌

장아찌는 무 · 오이 · 도라지 · 마늘 등의 채소를 간장 · 된장 · 고추장 등에 넣어 오래 두고 먹는 저장 음식이다.

고추장아찌

젓갈

젓갈은 어패류의 내장이나 새우·멸치·조개 등에 소금을 넣어 발효시킨 음식으로 반찬이나 조미료용 식품으로 쓰인다.

새우젓

김치

김치는 배추·무 등의 채소를 소금에 절여서 고추·마늘·파·생강·젓갈 등의 양념을 넣고 버무려 익힌 음식이다. 한국의 대표적인 저장 발효 음식으로 가장 기본이 되는 반찬이다.

보쌈김치

3) 후식류

떡

떡은 쌀 등의 곡식 가루에 물을 주어 찌거나 지지거나 삶아서 익힌 곡물 음식의 하나로 통과의례와 명절 행사에 꼭 쓰인다.

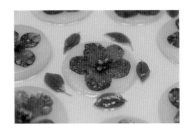

진달래화전

한과

한과는 전통 과자를 말하는데 만드는 법이나 재료에 따라 유밀과류·강정류·산자류·다식류·정과류·숙실과류·과편류·엿강정류·엿류 등으로 나뉜다.

삼색매작과

음청류

음청류는 술 이외의 기호성 음료를 말한다.

배숙

3. 한국음식의 상차림

상차림법은 그 나라의 풍습에 따라 다르게 차려지는데 우리나라의 상차림은 평면전개형의 상차림법이다. 우리나라는 상고시대에는 입식 상차림이었으나 오랜 시간이 지나는 동안 변화되어 조선시대에 좌식 상차림으로 정립된 것으로 보인다.

이것은 고구려 시대의 벽화를 통해 추정할 수 있는 것으로서 다리가 긴 탁자형 상에 음식을 차리고 의자에 앉아 식사하였으며 음식은 고배형(高杯型)의 그릇이 많이 쓰였다. 그러나 궁중에서 행한 의례와 제례의 상차림은 예부터의 풍습에 따라 입식차림의 상차림을 하였으며, 조선시대에는 반상, 주안상, 교자상, 돌상 등 여러 가지 상차림의 형식이 정립되었다.

한국음식의 상차림은 서양식 상차림과는 달리 주식과 부식이 구별되어 있으며 주식은 곡류를 기본으로 하고, 부식은 채소류, 어류, 육류 등으로 반찬을 만들어 상을 차려서 영양상 균형을 맞추어 차린다.

1) 반상(飯床)차림

밥이 주가 되는 일상 상차림이다.
(1) 밥과 반찬을 주로 하여 차리는 상차림으로 받는 사람의 신분에 따라 밥상, 진짓상, 수랏상으로 명칭이 달라진다.
(2) 한 사람이 먹도록 차린 밥상을 외상(독상), 두 사람이 먹도록 차린 반상을 겸상이라 한다.
(3) 반찬의 수에 따라 3첩, 5첩, 7첩, 9첩, 12첩으로 나누고 첩이란 밥, 국, 김치, 찌개(조치), 종지(간장, 고추장, 초고추장 등)를 제외한 쟁첩에 담는 반찬의 수를 말한다.
(4) 곁상(곁반) : 반찬의 가짓수가 많은 7첩 이상의 상을 차릴 때는 보조상으로 곁상이 따르게 된다. 주반(主盤)과 같은 모양으로 되어 있으나 크기가 작은 상이다.
(5) 쌍조치(찌개가 2가지)일 경우는 토장 조치와 맑은 조치를 올린다.
(6) 반상의 배선법은 음식을 그릇에 담아서 상에 배열하는 법을 말한다.

① 3첩반상 : 기본적인 국, 밥, 물김치, 배추김치, 장 외에 세 가지 찬품을 내는 반상차림이다.
   - 기본음식(국/밥/물김치/배추김치/장)
   - 3첩음식(숙채 or 생채/구이/장아찌)

② 5첩반상 : 밥, 국, 김치, 장, 찌개 외에 다섯 가지 찬품을 내는 반상차림이다.
   - 기본음식(국/밥/물김치/배추김치/장)
   - 5첩음식(생채 or 숙채 중 1개/조림 or 구이 중 1개/전/오징어젓갈/장아찌)

③ 7첩반상 : 밥, 국, 김치, 장, 찌개, 전골 외에 일곱 가지 찬품을 내는 반상차림이다.
   - 기본음식(밥/국/김치/장/찌개/찜(선 or 전골))
   - 7첩음식(숙채/생채/구이/조림/전/마른찬 or 장과 or 젓갈 중 1개)

④ 9첩반상 : 밥, 국, 김치, 장, 찌개, 찜, 전골 외에 아홉 가지 찬품을 내는 반상차림이다.
   - 기본음식(밥/국/김치/장/찌개/찜/전골)
   - 9첩음식(숙채/생채/구이/조림/전/마른찬/장과/젓갈/회 or 편육)

⑤ 12첩반상 : 밥, 국, 김치, 장, 찌개, 찜, 전골 외에 열두 가지 찬품을 내는 반상차림이다.
   - 기본음식(밥/국/김치/장/찌개/찜/전골)
   - 12첩음식(생채/숙채/구이 2종류(찬구이, 더운구이)/조림/전/마른찬/장과/젓갈/회/편육/수란 등)

한국의 전통 반상차림

첩	첩수에 들어가지 않는 음식 (기본음식)							첩수에 들어가는 음식(쟁첩에 담는 음식)										
	밥	국(탕)	김치	종지	찌개(조치)	찜	전골	나물		구이	조림	전	마른반찬	장과	젓갈	회	편육	수란
								생채	숙채									
3첩	1	1	1~2	1				택1		택1			택1					
5첩	1	1	2	2	1			택1		1	1	1	택1					
7첩	1	1	2	3	2	택1		1	1	1	1	1	택1			택1		
9첩	1	1	3	3	2	1	1	1	1	1	1	1	1	1	1	택1		
12첩	1	1	3	3	2	1	1	1	1	2 (찬구이) (더운구이)	1	1	1	1	1	1	1	1

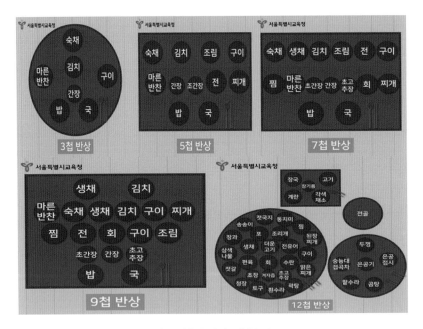

그림 1 서울특별시교육청 자료

2) 죽상차림

응이, 미음, 죽 등의 유동식을 중심으로 하고 여기에 맵지 않은 국물김치(동치미, 나박
김치)와 젓국찌개, 마른 찬(북어보푸라기, 어포) 등을 갖추어 낸다. 죽은 그릇에 담아 중앙
에 놓고 오른 편에는 빈 그릇을 놓아 덜어 먹는다.

  (1) 궁중에서의 죽상차림 : 아침수라에 앞서 초조반상으로 올려 졌고 미음과 함께 식치(
     食治)음식으로 사용되기도 하였다.
  (2) 생활 속의 죽상차림 : 조반(朝飯)을 먹기 전 초조반으로 가볍게 죽을 먹거나 보양(保
     養), 병후(病後)의 회복음식(恢復飮食)으로 사용되었다.

3) 장국상(면상, 麵床) 차림

밥 대신 주식을 국수, 떡국, 만두 등으로 차리는 상으로 각각 면상, 만두상, 떡국상이라
고도 하나 모두 더운 장국에 말아서 대접하므로 장국상이라고 부른다. 경사때에는 큰상(고
임상)을 차리고, 경사의 당사자 앞에는 면과 간단한 찬을 놓은 입매상(면상)을 차린다.

국수는 무병장수를 상징하는 의미를 담고 있어 생일이나 혼례잔치, 경사스러운 날에는 면상을 차리는 풍습이 있었다.

4) 주안상(酒案床)차림

술을 대접하기 위해서 차리는 상이다. 안주는 술의 종류, 손님의 기호를 고려해서 장만 해야 하는데 보통 약주를 내는 주안상에는 육포, 어포, 건어, 어란 등의 마른안주와 전이나 편육, 찜, 그리고 얼큰한 고추장찌개나 매운탕, 전골, 신선로 등과 같이 더운 국물이 있는 음식을 함께 낸다.

술은 청주가 주류를 이루고 계절에 따라 봄철에는 삼해주 · 약산춘 · 소국주 · 이화주 · 두 견화주 등을 내고, 여름철에는 가양주에 소주를 섞어 빚은 과하주 · 창포주 · 국화주 · 구기자 주 등을 이용하였다. 가을에는 일일주 · 삼일주 등에 안주를 갖추어 주안상을 차려 내었다.

5) 교자상차림

명절이나 잔치 때 많은 사람이 함께 모여 식사를 할 경우 차리는 상이다. 교자상에는 술 과 안주를 주로 하여 차리는 건교자상과 여러 가지 반찬과 면 · 떡 · 과일 등으로 차린 식교 자상, 식교자와 건교자를 섞어서 차린 얼교자상으로 구분한다. 잔칫날 교자상은 반상, 면 상, 주안상 모두가 함께 어울리게 차린다.

주로 차려지는 음식으로는 신선로, 전골, 찜류, 전류, 편육, 회, 숙채, 생채, 마른반찬, 떡, 숙실과류, 생과류, 화채류 등으로 초대한 손님과 집안의 예법 등을 고려하여 준비한다.

6) 다과상

다과(茶菓)란 차(茶)와 과자(菓)를 이르는 말로 다과상은 차와 과자류로 차려진 상차림 을 말한다. 보통 안손님이나 어린 손님의 경우 다과상을 차려 냈다. 차는 녹차를 비롯하여 곡차 · 계피차 · 유자차 · 모과차 · 구기자차(구기차) 등을 많이 끓여 냈고, 과자는 정과 · 약 과 · 산자 · 강정 · 다식 등 집에서 손수 만든 과자류가 주를 이루었다.

4. 한국의 절식과 시절음식

1) 절식

우리 조상들은 농업을 위주로 하는 생활로 인해 좋은 날을 택하여 명절로 정하고 그날의 뜻을 새기기 위해 제사를 지내거나 민속 전통의 행사를 즐기면서 만들어 먹는 음식을 절식이라 한다.

〈절기에 따른 절식풍속〉
- 액땜(벽사 : 酸邪)의 의미 : 상원, 유두, 삼복, 동지 등
- 계절적 생산성과의 관계 : 입춘, 중삼, 중구 등
- 풍류와 관련 : 중삼, 중구 등
- 보신을 위한 풍속 : 삼복절식
- 종교문화를 배경으로 한 절식 : 등석절식(燈石節食)

(1) 설날절식

묵은해를 보내고 새해의 첫날을 맞아 새로운 몸가짐으로 가내 만복을 기원하며 세찬과 세주를 마련하여 조상께 차례를 올리는 날로서 흰떡국 · 만두 · 약식 · 인절미 · 과정류 · 전유어와 빈대떡 · 식혜 · 수정과 · 술(찬술) 등의 음식을 차린다. 그중에서 가장 대표적인 것은 흰떡국이다.

(2) 상원

신라시대부터 지켜온 명절로 재앙과 액을 막는 제일이며 정월 14일 저녁에는 오곡밥과 9가지의 묵은 나물, 나박김치를 준비하여 일찍 저녁을 먹는다. 보름날 새벽에는 부럼을 깨물어 멀리 던지면 1년 동안 부스럼이 없으며 이가 단단해 진다고 하였으며 아침상에는 귀밝이술을 마시면 일 년 내내 귀가 밝아지고 몸에서 잡귀를 몰아낸다고 한다. 또한 김이나 채엽에 밥을 싸서 먹는 복쌈은 풍년들기를 기원하며 먹었고 묵은 나물은 9가지로 더위를

타지 않는다고 하여 먹었다.

(3) 입춘

봄이 시작되는 좋은 명절로 집집마다 입춘대길이라는 글귀를 붙이는 날이다. 오신반은 산야의 눈 밑에서 새로 싹터 나오는 산채(당귀싹, 움파, 멧갓, 미나리싹 등)를 뜯어다 겨자로 무쳐내는 음식이었다.

(4) 중화절

2월 초하룻날로 농사철의 시작을 알린다. 노비일(奴婢日)이라고도 부르며 집안을 깨끗하게 청소한다. 이날에는 큰 송편을 만들어 노비들에게 나이수대로 먹였으며 이 송편을 노비 송편이라 한다.

(5) 중삼절

3월 3일 삼짇날이라 하는데 강남 갔던 제비가 돌아와 봄을 알린다. 대표 절식으로는 진달래화전·창면·진달래화채·쑥떡·탕평채(蕩平菜) 등이 있다. 조상들은 절식을 준비하여 들로 나가 봄을 즐겼다.

(6) 등석절

사월 초파일 석가탄신일날이라 하여 느티나무 열매로 만든 시루떡의 일종인 느티떡과 볶은콩, 미나리강회 등이 있다. 콩볶음은 검은 콩을 볶아 길 가는 사람들에게 나누어 주면 불가(佛家)의 인연을 맺는다고 생각하였다.

(7) 단오

5월 5일로 수릿날, 중오절, 천중절이라고도 한다. 여름 더위가 시작된다 하였고, 부녀자들은 창포 삶은 물에 머리를 감고 그네를 탔으며, 남자들은 씨름을 하는 풍습이 있다. 단오절식은 수리취떡과 제호탕(醍醐湯), 앵두편, 준치만두, 붕어찜 등이다. 제호탕은 궁중의 내의원(內醫院)에서 만들어 왕가에만 진상하던 음료이다.

(8) 유두

음력 6월 15일에 동으로 흐르는 물에 머리를 감고 재앙을 푼 다음 음식을 차려서 물가에서 술자리를 만들어 유두연을 베풀었는데, 이때 수단을 만들었다. 유두절식에는 수단, 편수, 증편, 밀쌈 등이 대표적이다.

(9) 삼복

여름철 중 가장 더운 초복, 중복, 말복을 가리켜 삼복이라 한다. 이때 몸을 보신하기 위한 음식을 즐겼다. 절식으로는 육개장, 삼계탕, 임자수탕, 민어국 등이 있다.

(10) 추석(중추절)

음력 8월 15일은 추석 또는 한가위라 하여 햇곡식, 햇과일이 풍성하여 명절 중 가장 풍성한 마음으로 맞이하는 날이다. 추석에는 조상님께 천신하는 마음으로 차례를 모시며 대표적인 절식은 햅쌀송편이고, 그 밖에 맑은장국인 토란탕, 햇채소로 만든 화양적, 햇병아리로 만든 닭찜, 햇콩(청대콩)을 섞어서 지은 청대콩밥으로 상차림을 한다.

(11) 중양절

음력 9월 9일 삼짇날에 온 제비가 강남으로 떠나는 날이다. 중구절식에는 국화전, 국화주, 국화화채를 먹었으며 농가에서는 추수가 한창이다.

(12) 상달

10월 상달은 집안의 풍요함을 비는 뜻에서 고사를 지내는 풍습이다. 햇곡식으로 술을 빚고 팥시루떡을 만들어 지냈다.

(13) 동지

동지에는 팥죽을 먹는다. 팥죽에는 찹쌀가루로 둥글게 빚은 새알심을 나이대로 넣어 떠주었고 귀신을 쫓는다하여 장독대와 대문에 뿌리기도 했다.

(14) 대회일(大晦日)

섣달 그믐날을 말하며, 모든 것을 마무리하고 고요한 마음으로 새해를 맞이한다 하여 제야(除夜)라고 한다. 그믐날의 절식에는 주악, 잡과병, 떡국, 만두, 각색편, 각색전골, 정과, 식혜, 장김치, 보쌈김치, 비빔밥 등이 있다. 이때의 비빔밥은 먹던 음식을 해를 넘기지 않는다는 의미로 비빔밥을 만들어 먹었다.

2) 시식

시식이란 계절의 식품으로 만들거나 계절에 맞추어서 만들어 먹는 음식이다. 우리나라는 봄, 여름, 가을, 겨울이 명확하여 예로부터 민족의 식생활에서 계절적 특성을 가지게 되었다. 그것은 모든 음식들이 제철에 나는 것으로 만들어야 가장 맛이 좋고 영양가도 높으며 입맛을 당기게 하고 건강에도 이롭기 때문이다.

(1) 봄

봄이 오면 사람들은 입맛을 당기게 하고 기력을 도우며 산뜻한 맛과 싱그러운 향기, 아름다운 색깔을 가진 음식을 만들어 먹기 위해 쑥, 달래, 냉이 같은 나물을 이용하여 먹게 되었다. 쑥은 사람들의 입맛을 돋우기 위한 더없이 좋은 재료이다. 이외에도 달래김치, 냉잇국과 봄의 상징인 진달래꽃을 가지고도 음식을 만들었다.

봄의 주안상에는 수란과 모시조개전골, 조기찌개, 탕평채, 도미찜 등의 안주가 차려졌으며 술은 두견주(杜鵑酒), 도화주(桃花酒), 소국주(小麴酒), 이강주(梨薑酒), 죽력주(竹瀝酒), 서향주(瑞香酒), 사마주(四馬酒)와 같은 술이 함께 올랐다.

봄철의 떡으로는 계피떡, 산떡, 진달래화전, 환떡 등이 있다. 산떡은 5색으로 물감을 들인 찹쌀경단을 5개씩 꿰어 만든 것이고, 환떡은 찹쌀가루에 쑥이나 송기를 섞어 둥근 모양으로 만든 절편이다. 4월에는 어채, 어만두, 미나리강회, 실파강회 등을 만들어 먹었다.

(2) 여름

여름에는 사람들이 땀을 많이 흘리고 더위 때문에 입맛이 떨어질 수 있다. 따라서 시원한 음식, 기력을 돋우는 음식을 요구한다. 대표적인 음식으로는 맑은 청포묵과 노란색으로 물을 들인 녹두묵이 좋은 음식이다. 콩국과 깻국은 질 좋은 단백질과 기름을 보충해주어 여름철 사람들의 원기 회복에 좋고 육개장, 개장국, 애호박으로 만든 편수 등 영양가가 높은 음식들이다. 이와 같이 더위로 인한 영양분의 소모를 보충하기 위하여 단백질과 비타민이 풍부한 음식을 해먹는 풍습은 과학적이고 문화적인 우리 민족의 식생활 방식의 일면을 잘 보여준다.

또한 여름에는 살이 희면서 단단하고 맛이 좋은 민어를 얇게 저미서 고기 · 버섯 · 미나리 등의 소를 넣고 만든 어만두가 있다.

여름철에는 새로 거두어들이는 밀을 가지고 닭국물에 애호박을 넣고 끓인 칼국수, 닭국물에 미역을 넣어 끓인 수제비, 애호박을 채 썰어 넣고 기름에 얇게 지진 밀전병 등이 민가에서 많이 먹었던 음식이다.

보신용 시식으로는 백숙, 임자수탕, 육개장, 개장국과 같은 음식이 있고, 떡은 더위에 쉽게 상하지 않는 증편을 만들어 시식으로 하였다.

(3) 가을

한해 농사를 마무리 짓는 가을의 대표적인 시식은 솔잎을 이용한 송편과 토란국이 있다. 가을철은 오곡백과가 무르익는 수확의 계절로 햅쌀로 빚은 송편, 햇콩을 넣고 지은 햅쌀밥과 햇밤을 넣고 지은 밤밥 등이 대표적인 음식이다. 여기에 초가을의 특산식품인 버섯과 고기, 채소를 꿰어 화양적(花陽炙)을 부친다.

가내 양계만을 허락하던 시대에는 봄철에 부화한 병아리가 추석을 전후한 계절이 되면 중닭으로 자라 찜요리를 하여 시식으로 즐겼다.

9~10월경에는 밤, 대추가 먹기 좋게 익어 율란, 조란, 대추초, 밤초 등이 가을철의 별미 음식인 시식으로 이용되었다. 떡으로 국화전이 있고, 술은 국화주가 있다.

(4) 겨울

겨울에는 반년 양식이라 하여 김장을 하였으며 시루떡을 먹었다. 동짓날의 팥죽, 대보름의 오곡밥과 아홉 가지 묵은 나물, 부럼, 설 명절의 만두와 떡국 등이 겨울철의 시식이라 할 수 있으며 시원하고 단 식혜도 겨울철의 음식이다.

겨울 주안상에는 전골, 열구자탕(悅口子湯)이 오른다. 전골이나 열구자탕을 놓은 술자리는 더운 화로를 중심으로 모인 모임이라는 뜻으로 난로회(煖爐會)라 부르기도 하고, 한 그릇을 중심으로 여럿이 둘러앉아 먹는다고 하여 일기회(一器會)라 부르기도 한다. 전골·열구자탕은 뜨거운 음식으로서 추위를 이길 수 있는 시식의 하나이다.

만두와 냉면은 겨울철 명물이다. 만두에는 밀가루로 만든 만두와 메밀로 만든 만두가 있다. 냉면은 메밀국수를 육수 또는 동치미국물에 말아 먹는 음식이다. 특히 함경도나 평안도의 겨울철 대표 시식이다. 바닥은 따뜻하고 공기는 건조한 온돌환경에서 겨울철의 시식으로 형성된 것이다.

소의 뼈, 족, 대가리, 내장, 살코기 등을 푹 고아 만든 설렁탕은 추위를 막고 보신을 할 수 있는 서울지역의 시식이었다.

겨울철 다과로 여러 가지 강정류를 만들었는데, 특히 엿강정·백산자 등은 열량 보완음식이었다.

5. 한국음식의 식재료

1) 한식 기본 식재료

(1) 곡류

곡류는 식량으로 사용할 수 있는 전분질의 종자로 곡식 또는 곡물이라고도 한다. 곡류는 주로 볏과에 속하며 쌀, 보리류 및 잡곡류 등으로 분류하는데 보리(겉보리, 쌀보리, 맥주보리), 밀, 귀리, 호밀 등은 보리류에 속하고, 옥수수, 조, 기장, 피, 수수, 메밀 등은 잡곡류에 속한다. 일반적으로 탄수화물이 약 60~70%, 단백질이 9~14%, 지질은 약 2~3%로 적게 함유하고 있다. 알곡 그대로 가공하여 먹기도 하고 제분 과정을 거친 다음 가공하여 고운 가루(flour), 굵은 가루(grits) 또는 시럽, 전분 등 여러 형태로 만들어서 사용한다.

■ 쌀

쌀에는 찹쌀과 멥쌀이 있다. 전분의 화학적 성질에 의해 아밀로펙틴이 100%로 점성이 강한 찹쌀, 아밀로오스가 약 20~25%, 아밀로펙틴이 75~80% 정도로 점성이 약한 멥쌀로 구분된다. 도정도에 따라 왕겨층을 벗겨낸 현미와 내배유로 구성된 백미가 있다.

쌀은 도정을 많이 할수록 단백질, 지방, 회분, 섬유소, 무기질 및 비타민의 함량이 감소되고 당질의 함량은 증가한다.

■ 보리

보리는 껍질이 알맹이에서 분리되지 않는 겉보리와 성숙 후에 잘 분리되는 쌀보리가 있다. 또한 보리쌀을 기계로 눌려 단단한 조직을 파괴하여 가공한 보리인 압맥과 보리 도정 후 보리쌀을 홈을 따라 2등분으로 분쇄하여 가공한 할맥이 있다. 압맥은 보리알의 조직이 파괴되어 물이 쉽게 흡수되어 소화율도 높아진다. 할맥은 섬유소의 함량이 낮아지므로 밥을 지었을 때 모양과 색뿐만 아니라 입 안에서의 느낌도 쌀과 비슷하고 소화율도 높아 많이 이용된다.

■ 수수

수수는 재배가 쉽고 수확량이 많지만, 청산을 함유하고 있어 날것으로 과량 먹으면 중독
현상을 일으키기도 한다. 단백질과 지방이 많이 함유된 차수수와 단백질과 지방이 적어 식
용으로는 부적당한 메수수, 고량으로 구분할 수 있다. 밥에 섞어 사용되며, 떡, 엿, 죽 및
과자의 제조에 이용된다.

■ 조

다른 곡류가 잘 재배되지 않는 지역에서도 잘 자란다. 기호성이 우수한 편은 아니지만
소화율이 보리류보다 좋고 칼슘 함량이 많다. 전분의 성질에 따라 메조와 차조로 나뉜다.
메조는 쌀이나 보리와 함께 혼식용으로 이용되며 죽, 단자 등으로 이용된다. 차조는 밥,
엿, 떡 또는 민속주의 원료로 이용되고 있다.

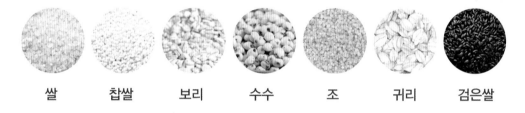

| 쌀 | 찹쌀 | 보리 | 수수 | 조 | 귀리 | 검은쌀 |

(2) 두류

두류는 콩과식물의 꼬투리 속의 종자의 총칭으로 대부분의 꼬투리는 열매로 열리나 땅
콩과 같은 꼬투리는 땅속에서 성장하는 것도 있다. 두류는 저장과 수송이 편리하고 양질의
단백질과 지방의 중요한 공급원으로 영양가가 우수한 식품이다. 우리나라에서 주로 생산
되는 두류에는 콩(대두), 팥(적두), 녹두, 땅콩, 강낭콩, 동부 및 완두 등이 있다. 두류는 보
통 단백질 함량이 20~40%로 매우 높은 편이어서 단백질 식품으로 알려져 있으나 종류에
따라 구성성분의 차이가 크다.

■ 콩

대두라고도 한다. 자실의 형태와 색깔은 대부분 둥글고 황색인데, 푸른색을 띠는 청대콩
이나 검정콩, 자실이 매우 작은 쥐눈이콩, 그 밖에 갈색, 얼룩콩 및 아주까리콩 등 매우 다
양하다. 콩은 우리 민족의 식생활에서 가장 중요한 단백질원이 되어 왔다. 콩은 가공하여

두부, 된장, 간장, 콩가루, 과자 및 콩기름 등을 만든다. 그 밖에 콩나물로 길러 먹기도 한다.

■ 팥

소두, 적두라고도 한다. 종자의 길이는 4~8mm, 너비 3~7mm의 원통형이고 양끝은 둥글다. 씨껍질의 색깔에 따라서 붉은팥, 검정팥, 푸른팥 및 얼룩팥 등으로 구별한다. 팥에는 전분 등의 탄수화물이 약 50% 함유되어 있으며, 그 밖에 단백질이 약 20% 함유되어 있다. 팥에는 사포닌(saponin)이 0.3~0.5% 함유되어 있는데, 이것은 기포성이 있어 삶으면 거품이 일고, 장을 자극하는 성질이 있어 과식하면 설사의 원인이 된다.

■ 녹두

안두(安豆), 또는 길두(吉豆)라고도 한다. 녹두전분은 특히 점성이 강하여 묵을 쑤는 원료로 사용된다. 청포(녹두묵), 빈대떡, 소, 떡고물, 녹두차, 녹두죽 및 숙주 등은 모두 양질의 식품이다. 녹두로 만든 전분이나 당면은 품질이 우수한 반면에 값이 비싸다.

■ 땅콩

낙화생(落花生)이라고도 한다. 열매가 땅속에서 여문다. 종자가 큰 대립종은 단백질 함량이 높아서 보통 간식용으로 하며, 종자가 작은 소립종은 지방 함유율이 높아서 기름을 짜거나 과자나 빵 등 식품의 가공에 이용된다.

■ 강낭콩

열매는 원통형이거나 좀 납작한 원통형의 꼬투리이다. 열매는 밥에 넣어서 먹거나 떡이나 과자의 소로 쓰고 어린 꼬투리는 채소로 쓰인다.

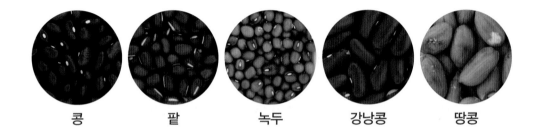

| 콩 | 팥 | 녹두 | 강낭콩 | 땅콩 |

(3) 서류

서류에는 감자와 고구마 외에 토란, 마, 돼지감자, 카사바 등이 이에 속한다. 일반적으로 서류 식품은 주성분이 탄수화물인 것은 곡류와 같으나 곡류보다 수분 함량이 70~80%로 높아서 냉해에 약하고 발아되기 쉬워서 저장성은 떨어진다.

■ 감자

감자는 점질인 것과 분질인 것으로 구분되므로 조리 시 용도에 맞게 선택해 사용하는 것이 좋다. 점질 감자는 끓이거나 조릴 때 잘 부서지지 않아 샐러드나 기름을 사용하여 볶는 요리에 적당하다. 분질 감자는 조리했을 때 보슬보슬하게 부스러지기 쉬운 성질이 있으므로 굽거나 쪄서 으깨는 요리에 더 알맞다.

■ 고구마

고구마의 모양은 긴 방추형에서 구형까지 여러 가지가 있다. 수분을 제외한 고구마의 주성분은 탄수화물이고 그 대부분은 전분이다. 고구마는 칼륨이 많고 칼슘, 인 및 마그네슘 등도 들어있어 알칼리성 식품이다. 감자보다 탄수화물이나 비타민C가 많으며 수분이 적기 때문에 칼로리가 높다. 찌거나 굽기를 하여 이용된다.

■ 토란

우리나라에서는 추석 절기의 음식으로 이용되며, 토란 줄기도 말려 두었다가 겨울철의 저장채소로 이용하기도 한다. 토란의 아린 맛은 물에 담가 놓으면 제거할 수 있다. 토란은 껍질로 둘러싸여 있어 조미료가 내부로 침투하기 어려우므로 조미하기 전에 소금으로 문지르거나, 끓는 물에 데쳐내어 먼저 이를 제거해 주도록 한다.

■ 마

서류 중에서 생식할 수 있는 유일한 것이다. 한꺼번에 수확하여 두면 부패하기 쉬우므로 출하할 때마다 캐는 것이 바람직하다. 우리나라에서 가장 일반적인 것은 참마로 수분이 많고 점성이 적으며 사각사각한 질감이 나고 가격이 저렴한 것이 특징이다.

감자   고구마   마

(4) 채소류

채소는 식용을 목적으로 재배되는 초본식물의 총칭이다. 일반적으로 사용되는 부위에 따라 근채류·엽채류·경채류·과채류·화채류로 분류한다. 채소의 주성분은 수분으로 90% 이상을 차지하고 있다. 채소류는 한국인의 비타민A, 비타민C의 주 공급원이며 무기질은 칼슘이나 칼륨이 많기 때문에 알칼리성 식품이다. 채소류는 식이섬유가 많아 변비를 막아준다. 또한 색, 향기, 산뜻한 맛에 의해 식욕을 증진시켜 주며 소화액의 분비를 높여준다.

채소류에는 파, 양파, 마늘, 생강, 오이, 우엉, 연근, 시금치, 배추, 무, 고추, 애호박, 콩나물, 고사리 등이 있다.

(5) 과일류

과일은 나무나 풀에서 나는 먹을 수 있는 열매이다. 과실이라고도 한다. 아름다운 색과 향기로운 냄새, 새콤달콤한 맛, 과즙이 풍부하고 부드럽거나 아삭아삭한 질감 등으로 인해 매력적인 식품이다. 사과, 복숭아, 살구, 배, 감, 자두, 딸기, 포도, 귤 등이 있다.

(6) 육류

우리가 먹는 육류에는 소고기, 돼지고기, 양고기 등의 수육류와 닭고기, 오리고기, 칠면조고기, 꿩고기 등의 가금류가 포함된다.

■ 소고기

소고기는 육우로서 사육한 4~5세의 암소 고기가 연하고 가장 좋으며, 그 다음에는 비육한 수소(황소), 송아지, 늙은 소의 순이다. 적당히 성숙하고 잘 비육된 소는 육색소(미오글로빈)의 함량이 높아 돼지고기에 비해 진한 색을 나타내어 선홍색이나 적갈색을 띤다. 소고기는 부위별로 그 특성이 다르기 때문에 조리법을 달리하여야 독특한 맛을 즐길 수 있다.

■ 돼지고기

돼지고기 요리로는 양념하여 구이나 볶음을 하고, 갈비나 족으로는 찜을 하며, 돼지대가리는 삶아 눌러 돼지머리 편육을 만든다. 돼지고기의 부위는 소고기만큼 자세히 분류하지 않고 목심, 등심, 안심, 갈비, 삼겹살, 앞다리, 뒷다리 등 7부위로 구분한다. 육색이 연분홍빛을 띤 것이 좋다.

■ 닭고기

닭고기는 대표적인 가금류이다. 닭고기는 수육에 비해 연하고 맛과 풍미가 담백하고 조리하기 쉽고 영양가도 높아 전 세계적으로 폭넓게 요리에 사용된다. 고기가 단단하고 껍질막이 투명하고 크림색을 띠며 털구멍이 울퉁불퉁 튀어나온 것이 좋다. 연령, 성별, 무게, 부위 등에 따라 조리 용도가 다르므로 구매 시 고려해야 한다. 날개에서 가슴에 이르는 살은 희고 지방이 적어 산뜻한 맛이 나므로 튀김, 찜, 죽 등에 쓰이고, 넓적다리 살은 빛깔이 붉고 지방이 많아 로스트나 커틀릿 등에 알맞다.

(7) 어패류

어패류는 척추동물인 어류와 부드러운 연체류, 딱딱한 껍질을 가진 조개류와 갑각류 등으로 분류된다. 어패류는 육류보다 지질의 조성이 우수하나 불포화지방산 함량이 높아서 쉽게 산패하며, 조직이 연하여 세균의 오염을 받기 쉬워 신선도를 유지하는 데 어려움이 있으므로 유통과정에 특히 주의를 기울여야 한다.

■ 어류

어류는 대가리, 몸체 및 꼬리 등의 세 부분으로 나누며 몇 개의 지느러미가 있다. 어류는 붉은살생선과 흰살생선이 있는데 보통 활동성이 있는 표층고기는 붉은살생선이 많고, 운동성이 적은 심층고기에는 흰살생선이 많다. 해수어에는 갈치, 고등어, 꽁치, 대구, 도미,

멸치, 명태, 민어, 병어, 복어, 옥돔, 임연수어, 전어, 조기 등이 있으며, 담수어에는 가물치, 메기, 미꾸라지, 잉어, 은어 등이 있다.

■ 연체류

연체류에는 문어, 오징어, 꼴뚜기, 낙지 등이 속하며 몸이 부드럽고 마디가 없는 것이 특징이다.

■ 패류

패류에는 바지락, 백합, 대합, 꼬막, 우렁이 등이 속하며 딱딱한 껍질을 가지고 있거나 두 개의 껍질 안에 근육조직을 가지고 있다.

■ 갑각류

새우, 꽃게, 대게, 왕게, 가재 등이 이에 속하며 키틴질의 딱딱한 껍질로 자기 몸을 보호하며 껍질은 여러 조각으로 마디마디 구분된 것이 특징이다. 주로 바다에 서식하고 있으나 바다와 만나는 강의 하구 또는 담수에서도 산다.

6. 한국음식의 양념과 고명

1) 양념

양념은 음식의 향을 돋우거나 잡맛을 제거하여 음식의 맛을 결정하거나 풍미를 더욱 향상시키고 음식의 저장기간을 연장시키기 위해 사용한다. 같은 양념이라도 넣는 순서나 시간에 따라서 음식의 맛이 달라지는데 '약이 되도록 염두에 둔다'는 뜻으로 한자로는 '藥念'이라고 표기한다. 또한 한국음식은 여러 가지 양념을 복합적으로 사용하므로 '갖은 양념'이라고도 한다.

양념은 기본적으로 짠맛, 신맛, 단맛을 내는 조미료와 매운맛을 내는 향신료를 모두 일컫는다.

소금

입자 크기에 따라 호렴(胡鹽)·재제염(再製鹽)으로 구분한다. 호렴은 천일염 또는 굵은 소금이라 하여 잡물이 많이 섞여 있어 쓴맛이 나는데 주로 김치류·장류를 만들 때 사용하거나 생선을 절일 때 사용한다. 재제염은 흔히 꽃소금이라고 하며 일반적으로 음식의 간을 맞출 때 사용한다.

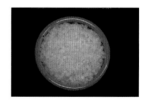

소금

간장

간장의 '간'은 소금의 짠 맛을 나타내는 것으로 대두와 보리, 식염을 원료로 만든다. 국·찌개·나물을 만들 때는 청장(국간장)으로 간을 하고, 조림·포·초·육류 등의 양념에는 간장(진간장)을 사용한다. 전유어나 적 종류의 음식에는 초간장을 곁들인다.

간장

된장

콩으로 메주를 쑤어 잘 띄운 뒤, 소금물에 담가 40일 정도 지나면 콩의 여러 성분이 우러나게 되는데 이때 간장을 떠내고 남은 건더기는 되직한 뜻의 '된'을 뜻하는 된장이 된다. 된장의 염도는 10~15% 정도이고 여러 가지 국이나 찌개, 나물무침 등에 이용되며 상추쌈이나 호박쌈에 곁들이는 쌈장과 장떡의 재료가 된다.

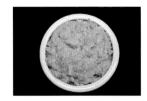

된장

고추장

탄수화물의 가수분해로 생긴 당분과 콩단백에서 생긴 아미노산의 감칠맛, 고추의 매운맛, 소금의 짠맛이 조화를 이룬 식품으로 조미료인 동시에 기호식품이다. 찌개나 국 · 생채 · 볶음 · 구이 · 나물 · 무침 등에 사용되고 볶아서 약고추장으로 만들어 먹거나 찬으로 이용한다. 또한 초고추장이나 양념 고추장을 만들어서 회나 비빔국수에 곁들이기도 한다.

고추장

설탕

고려 시대부터 썼으나 민가에 까지 널리 퍼지지는 않았으며 1950년대까지는 정제가 덜 된 황설탕을 많이 썼다. 가정에서 가장 많이 사용하고 있는 백설탕은 상백당(上白糖)으로, 사용되고 있는 설탕의 약 반을 차지한다. 설탕은 음식의 조미와 강정 · 정과 · 유밀과 등의 한과를 만들 때 사용하며 음청류나 떡 등에 이용된다.

설탕

황설탕

황설탕은 설탕 제조공정에서 백설탕이 생산된 후 몇 번 더 정제 과정을 거치면서 열이 가해져 황갈색을 띠게 된 설탕이다. 백설탕에 비해 특유의 풍미를 가지고 있고, 제조과정에서 가해진 열로 인해 원당의 향이 살아나게 된다.

황설탕

사탕수수의 즙을 추출해 수분을 증발시켜 설탕 결정을 얻어
낸 것인데, 정제과정을 거치지 않은 설탕의 색이 누르스름하여
유기농 설탕을 황설탕에 포함시키기도 한다.

식초

식초는 곡물이나 과일을 발효시켜서 만든 것으로, 음식의 신
맛을 낸다. 조미료로써 음식에 청량감을 주고 식욕을 증가시키
며 소화 흡수를 돕는다. 또한 생선의 비린내를 없애주고 생선의
살을 단단하게 하며, 방부 작용을 한다.

산도 4% 이상을 함유하는 것으로 곡류, 과실, 알코올 등을
원료로 해서 초산 발효 시킨 양조초, 그것에 빙초산 또는 초산
을 희석한 것에 조미료 등을 첨가한 합성초로 나뉘어진다.

식초

파

일반적으로 파·중파·실파·쪽파 등을 많이 이용하고 있으
며, 파는 양념으로 주로 이용하고 중파는 송송 썰어서 설렁탕·
곰탕·해장국에 넣거나 파를 대신하여 사용한다. 쪽파는 김치
등에 이용하며 실파는 국·전·적 등에 이용한다. 조미료로 쓸
경우 파의 흰 부분은 다지거나 채 썰어 양념으로 쓰는 것이 적
당하고, 파란 부분은 채 또는 크게 썰어 찌개나 국에 넣는다.

파

마늘

마늘의 매운맛 성분에는 '알리신'이라는 휘발성 물질이 들어
있어서 육류의 누린 냄새와 생선류의 비린 냄새 및 채소의 풋냄
새를 가시게 할 뿐 아니라 특히 김치에 없어서는 안 되는 조미
료 중의 하나이다. 마늘은 곱게 다져서 양념으로 사용하고, 향
신료나 고명으로 사용할 때는 통째로 쓰거나 얇게 저미며 쓰며,
곱게 채 썰어서 사용한다.

마늘

생강

특유의 향과 매운맛이 강해 생선의 비린내와 돼지고기나 닭고기의 누린내를 없애고 맛을 향상시키는 역할을 한다. 양념으로 사용할 때에는 곱게 다지거나 편이나 채로 썰어서 사용하며 즙을 내어 사용하기도 한다.

식욕 증진과 몸을 따뜻하게 하는 성질이 있어 생강차나 수정과로 이용되기도 하고, 한과에도 많이 사용된다.

생강

고춧가루

고추를 건조시켜서 분쇄하여 가루로 만든 것으로, 입자에 따라 굵은 고춧가루 · 중간 고춧가루 · 고운 고춧가루로 분류된다. 굵은 고춧가루는 김치에 이용하고, 중간 고춧가루는 김치나 양념으로 이용하며, 고운 고춧가루는 고추장이나 생채 등의 음식에 적당하다.

통고추로 말려 두었다가 여름에 열무김치를 담글 때, 통고추를 물에 불려 씨를 빼고 믹서에 갈아서 사용하면 맛이 더욱 좋다.

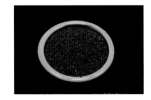

고춧가루

후추

맵고 향기로운 풍미가 있어 조미료와 향신료로 사용되며 방부의 효과도 있기 때문에 육류, 생선 요리에 많이 사용된다.

- 흑 후춧가루: 후추열매가 검게 익기 전에 따서 건조시킨 것으로 색이 검고 매운 맛이 강하며, 육류나 색이 진한 음식에 적합하다.
- 백 후춧가루: 완숙한 과실의 껍질을 제거해서 만든 것으로 향미가 부드럽고 매운맛은 약하지만 상품이다. 흰살생선이나 닭고기, 알요리, 채소류 등의 조미에 적당하다.
- 통후추: 배숙에 박거나 국물을 끓일 때 사용한다.

후추

겨자

40℃ 정도의 따뜻한 물에 겨잣가루를 되직하게 풀어 발효시켜 특유의 매운맛을 낸다. 식초, 설탕, 소금을 넣어 겨자소스를 만들어 겨자채나 냉채에 사용한다.

겨자

계피

계수나무 껍질을 24시간 발효시켜서 속껍질을 분리하여 건조한 것으로 어린 나무의 얇은 안쪽 껍질이 가장 좋다. 계피는 약으로도 사용되지만 식품으로 쓰일 경우 특유의 향기를 가지고 있어 음식의 향을 좋게 하고, 가루로 만들어 육류의 누린내를 제거한다. 또한 수정과 · 떡 · 한과 등에 넣어 향과 색을 내는 데 이용한다.

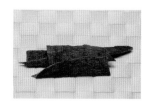
계피

통깨, 깨소금

통깨는 참깨를 잘 일어 볶아서 빻지 않고 그대로 통째로 나물 · 잡채 · 적 · 구이 등의 고명으로 사용하고 깨소금은 깨를 물에 깨끗이 씻어 일어 볶은 후 소금을 약간 넣어 부서지게 빻는다(소금을 넣지 않고 빻은 것도 깨소금으로 사용된다).

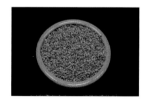
통깨

식용유

참기름과 들기름 · 대두유 · 옥수수기름이 있고 음식에 넣으면 매끄럽고 부드러운 질감과 맛을 준다. 또한, 고기를 구울 때 고기의 수분이 유출되지 않도록 해주며 식품을 소독하는 역할도 한다. 콩기름(대두유)은 무미 · 무취하고 발연점이 높아서 부침 · 튀김용뿐만 아니라 일반적인 조리에 많이 사용된다.

식용유

참기름

참기름은 우리나라 음식에 가장 널리 사용해 온 식용유로 참깨를 빻아서 짜낸 기름이다. 우리의 음식 중에 고소한 향과 맛을 내는 데 쓰이고 특히 나물을 무칠 때 많이 사용한다.

참기름

들기름

들기름은 묵은 산나물을 볶거나 무칠 때 사용하면 맛과 향이 좋다. 들기름은 불포화지방산이 많아 짜서 오래 두면 참기름에 비해 쉽게 산화되므로 빠른 시간 내에 먹는 것이 좋다.

들기름

꿀

밀원(蜜源)이 되는 꽃의 종류에 따라서 색, 향기, 성분에 특징이 있는데 대표적인 꿀로는 연꽃꿀, 밀감꿀, 아카시아꿀, 클로버꿀 등이 있다.

꿀은 비싼 것이라 민가에서는 흔히 사용하지 못했지만 궁중에서는 음식에는 물론 떡, 과자를 만들 때 많이 썼다.

꿀

물엿

쌀을 주원료로 대맥, 소맥 등의 이삭에 함유되어 있는 효소의 아밀라아제를 이용한 방법으로 오래전부터 물엿이 만들어졌다. 보수성이 높으며 광택이나 촉촉한 식감이 나는 것을 이용해서 조림 등에 이용된다.

물엿

조청

엿기름을 당화시켜 오래도록 끓여서 만드는 양념으로, 음식에 색과 맛 및 향을 부여하고 음식에 윤기를 더해준다. 지금은 조청보다 물엿을 더 많이 쓴다.

조청

산초

산초나무의 열매껍질을 건조하여 사용하는데 천초 또는 참초
라고도 하며, 신맛과 매운맛이 강하여 가루로 만들어 추어탕이
나 매운탕 등의 비린내나 누린내를 제거하고 기름기를 없애는
데 사용한다. 다 익은 종자에서 기름을 짜서 쓰기도 한다.

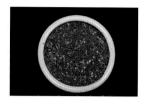

산초

청주

쌀·누룩·물을 원료로 하여 빚어서 걸러낸 맑은 술이다.
쌀을 쪄서 누룩과 물을 가하여 며칠 두면 알코올이 만들어진
다. 이것을 숙성시켜 걸러낸 것이 탁주이고 이것을 통에 부어
30~35일간 깨끗한 곳에 두면 맑은 청주가 된다. 생선이나 육
류 요리에 주로 이용하여 잡내를 없애는 데 쓰인다.

청주

2) 고명

고명은 '웃기', '꾸미' 혹은 '차림새' 라고도 하는데 언제부터 시작되었는지 알 수 없으나 오래전부터 음식의 양념 역할과 겉모양을 좋게 하기 위해 음식 위에 올린 것을 말한다. 고명은 색채가 아름다워 식욕을 증진시키고, 주재료의 식감과 영양을 보완하는 역할을 한다. 한국 음식은 오행설(五行說)에 바탕을 둔 것으로 붉은색, 녹색, 노란색, 흰색, 검정색을 지닌 식품을 고명으로 사용하여 오색의 음식을 골고루 섭취하였다.

고기고명

살코기를 곱게 다지거나 곱게 채 썬 다음, 갖은 양념하여 볶은 후에 국수장국이나 비빔밥 및 떡국 등의 고명으로 사용한다. 또한 고기를 덩어리로 하여 육수를 끓인 후에는 고기만 건져서 편육으로 썰거나 가늘게 손으로 찢어 고명으로 사용하기도 한다.

고기고명

고기완자

양념한 고기를 직경 1~2㎝ 정도로 빚은 다음, 밀가루를 묻히고 달걀물을 씌운 후에 기름을 두른 팬에 익혀서 사용한다. 신선로, 탕, 전골, 찜류의 웃고명으로 쓰인다.

만드는 방법 -

1. 소고기의 살코기로 골라서 핏물을 닦고 곱게 다지고 두부는 물기를 꼭 짜서 곱게 으깬다.
2. 소고기에 두부를 넣고 소금, 참기름, 다진 파, 다진 마늘, 후춧가루 및 깨소금 등으로 양념하여 고르게 섞는다.
3. 완자의 크기는 1~2cm 정도로 둥글게 빚은 다음 밀가루를 얇게 입히고 풀어놓은 달걀물을 씌운다.
4. 팬을 달구어 기름을 두르고 약한 불에서 타지 않게 굴리며 전체를 고르게 익힌다.

고기완자

- -

달걀지단

달걀을 전란으로 하거나 흰자와 노른자로 나누어 얇게 부친 것을 지단이라고 한다. 채 썰거나 골패형, 마름모꼴로 썰어 탕, 찜, 국수장국, 숙채, 국, 찜, 전골 등에 고명으로 쓴다.

만드는 방법 -

1. 달걀을 깨서 흰자와 노른자로 나눈 다음 흰자에 소금을 약간 넣고 젓가락으로 자르듯이 풀고 노른자는 알끈을 제거하여 풀어 준다.
2. 팬을 가열하고 기름을 두른 다음 약한 불에서 흰자를 먼저 넣고 원하는 두께로 편다.
3. 노른자를 넣고 얇게 펴고 나중에 넣은 노른자를 먼저 뒤집고 흰자가 하얗게 변하면 뒤집어 익힌다.
4. 부쳐진 지단은 골패형, 마름모꼴 및 채썰기 등 다양하게 썰어 고명으로 이용한다.

달걀지단

- -

알쌈

달걀을 곱게 풀어 팬에 타원형으로 떠 놓고 달걀이 익기 전에 익힌 소고기 완자를 중앙에 놓고 한쪽을 덮어서 반달 모양으로 지진 다음, 비빔밥 · 떡국 · 신선로 · 찜 등에 얹는다.

만드는 방법 -

1. 달걀은 흰자와 노른자로 나눈 다음 체에 내린다.
2. 다진 소고기를 갖은 양념하여 콩알 크기로 만들어 팬에 익힌다.
3. 달걀을 직경 4.5cm 크기로 둥글게 팬에 편 후 고기를 넣고 반으로 접어서 지져낸다.

알쌈

- -

채소 고명

호박, 당근, 대파 등 여러 가지 채소들을 이용하여 음식의 용도에 맞게 다양하게 활용할 수 있다.

채소 고명

미나리초대

미나리의 줄기만 다듬어서 가지런히 꼬치에 꿴 다음에 밀가루와 달걀물을 씌워서 팬에 지져낸 것으로, 음식에 따라 마름모꼴이나 골패형으로 썰어서 탕 · 전골 · 신선로 등에 사용한다. 경우에 따라 실파, 쑥갓 등을 이용해 만들기도 한다.

만드는 방법

1. 미나리는 뿌리와 잎을 떼어 내고 줄기 부분만 길이 10cm 정도로 잘라 꼬치에 굵은 부분과 가는 부분을 번갈아 꿰어 고정한다.
2. 달걀을 깨서 소금으로 간을 한 후 거품이 일지 않도록 잘 저어 체에 내린다.
3. 미나리꼬치에 밀가루를 씌운 후 달걀물을 씌운 다음 팬을 달구어 기름을 두르고 약한 불에서 지진다.
4. 미나리초대는 골패형이나 마름모꼴형 등으로 다양하게 썰어 고명으로 이용한다.

미나리초대

석이버섯

석이버섯은 미지근한 물에 10~20분 불려서 손으로 비벼 이끼와 뒷면의 돌을 잘 제거하며 깨끗이 씻는다. 물기를 닦은 후에 돌돌 말아서 채 썬 다음, 소금과 참기름으로 양념하여 볶은 후 고명으로 올린다. 말린 석이버섯을 잘 빻아서 석이버섯 가루를 만들어 떡과 지단 등에 사용하기도 한다.

석이버섯

표고버섯

표고버섯은 모양이 고르고 일정하며 갓이 70% 정도 피어 있고 연갈색 바탕에 거북이 등처럼 갈라진 흰 줄무늬가 있는 것으로 적당한 육질과 광택이 있고 전체가 오므라드는 모양의 두꺼운 것이 좋다. 미지근한 물에 담가 불려서 기둥을 떼어 내고 채를 썰거나 완자형 및 골패 모양으로 썰어서 양념하여 볶은 후에 고명으로 사용한다.

표고버섯

목이버섯

목이버섯은 검은 목이버섯과 흰 목이버섯이 있으며 버섯 표면이 한천질로 되어 있어 습할 때는 부드럽고 탄력성 있으나 건조하면 오그라들어 수축된다. 목이버섯은 찬물에 불려 사용하는 것이 좋고 불린 후 깨끗이 헹군 다음, 적당한 크기로 찢거나 채 썰어서 양념한 후에 무침이나 전골에 사용한다.

목이버섯

고추

청·홍고추는 반으로 갈라 씨를 뺀 다음, 채 썰거나 저며 썰어서 모양을 낸 후에 고명으로 사용한다. 익힌 음식의 고명으로 사용할 때는 끓는 물에 살짝 데쳐서 얹는다. 잡채나 국수의 고명으로도 쓰인다.

고추

실고추

붉은색이 고운 말린 고추를 갈라서 씨를 발라내고, 젖은 행주로 덮어 부드럽게 한 뒤 몇 장씩 돌돌 말아서 잘 드는 칼로 곱게 채 썬다. 백김치나 나물, 국수의 고명으로 쓰인다. 시중에 파는 것은 길이를 4cm 정도씩 짧게 끊어서 사용하도록 한다.

실고추

잣

통잣은 뾰족한 쪽의 고깔을 떼고 마른 행주로 닦은 후 화채, 식혜, 수정과 등에 그대로 띄워 사용한다.

비늘잣은 잣을 잡고 칼날을 이용해 길이 방향으로 반을 가른 후 어만두, 규아상, 어전 등에 사용한다.

잣가루는 손질한 잣을 한지를 깐 마른 도마 위에서 칼등으로 눌러 기름을 제거하고 칼날로 다져서 포슬포슬하게 만든다. 잣가루는 잣소금이라고도 하며, 구절판, 육포, 전복초, 홍합초 등에 이용한다.

잣

은행

팬을 달구어 기름을 두르고 소금을 넣어 은행을 굴리면서 볶는다. 은행알이 투명하고 파랗게 되면 뜨거울 때 면포나 종이타월로 비벼 껍질을 벗긴다. 찜이나 신선로 등의 고명으로 사용한다.

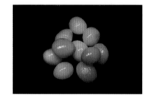

은행

호두

딱딱한 겉껍데기를 벗기고 알맹이가 부서지지 않게 꺼낸 다음 반으로 갈라 따뜻한 물에 잠시 담가 불린다. 호두의 속껍질은 떫은 맛이 강하므로 꼬치로 속껍질을 벗겨낸다. 신선로, 찜, 마른 안주 등에 이용한다.

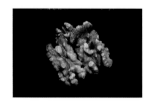

호두

밤

껍질을 모두 제거하여 찜 등에는 통째로 이용한다. 납작하게 편으로 썰거나 가늘게 채 썰어 보쌈김치, 냉채 등에 넣거나 삶아서 걸러 단자와 경단의 고물로 이용하기도 한다. 밤을 이용하여 밤초, 율란 등을 만들기도 한다.

밤

호박씨

젖은 면포로 닦은 다음 통으로 사용하거나 반으로 갈라 사용한다.

호박씨

대추

붉은색의 고명으로 쓰이며 통 또는 반쪽으로 갈라 찜 등에는 크게 썰어 넣고, 백김치 등에는 채 썰어 넣는다. 곱게 채 썰어 떡의 고명으로 쓰거나 다져서 떡의 소로 쓴다.

대추는 젖은 면포로 닦은 후 살만 돌려 깎는다. 밀대로 밀어 편 다음 채로 썰거나 돌돌 말아 썰어 꽃 모양으로 만든다. 음청류인 식혜와 차에 띄우기도 한다.

대추

미리 일러두기

1. NCS 학습모듈의 이해

■ NCS 학습모듈이란?

NCS 학습모듈은 NCS 능력단위를 교육 및 직업훈련 시 활용할 수 있도록 구성한 교수 · 학습자료이다. 즉, NCS 학습모듈은 학습자의 직무능력 제고를 위해 요구되는 학습 요소(학습내용)를 NCS에서 규정한 업무 프로세스나 세부 지식, 기술을 토대로 재구성한 것이다.

● NCS 학습모듈

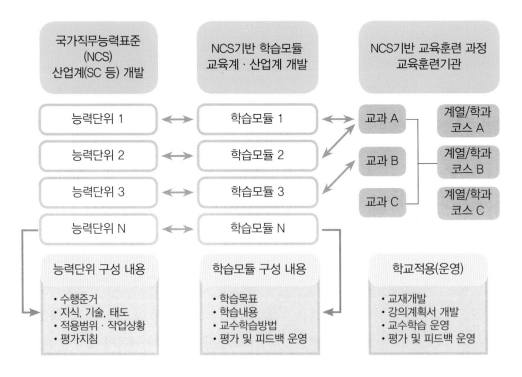

NCS 학습모듈은 NCS 능력단위를 활용하여 개발한 교수 · 학습 자료로 고교, 전문대학, 대학, 훈련기관, 기업체 등에서 NCS기반 교육과정을 용이하게 구성 · 운영할 수 있도록 지원하는 역할을 수행한다.

● NCS와 NCS 학습모듈의 연결체제

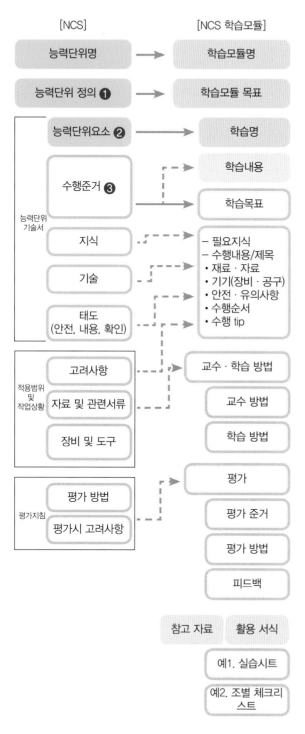

[NCS]

능력단위명 → 학습모듈명

능력단위 정의 ❶ → 학습모듈 목표

능력단위 기술서
- 능력단위요소 ❷ → 학습명
- 수행준거 ❸ → 학습내용 / 학습목표
- 지식
- 기술
- 태도 (안전, 내용, 확인)

– 필요지식
– 수행내용/제목
 • 재료 · 자료
 • 기기(장비 · 공구)
 • 안전 · 유의사항
 • 수행순서
 • 수행 tip

적용범위 및 작업상황
- 고려사항
- 자료 및 관련서류
- 장비 및 도구

교수 · 학습 방법 / 교수 방법 / 학습 방법

평가지침
- 평가 방법
- 평가시 고려사항

평가 / 평가 준거 / 평가 방법 / 피드백

참고 자료 활용 서식

예1. 실습시트

예2. 조별 체크리스트

① 능력단위란
특정 직무에서 업무를 성공적으로 수행하기 위하여 요구되는 능력을 교육훈련 및 평가가 가능한 기능 단위로 개발한 것입니다.

② 능력단위요소란
해당 능력단위를 구성하는 중요한 범위 안에서 수행하는 기능을 도출한 것입니다.

③ 수행준거란
각 능력단위요소별로 능력의 성취여부를 판단하기 위해 개인들이 도달해야 하는 수행의 기준을 제시한 것입니다.

2. 한식조리기능사 실기시험 준비

1) 검정시험의 구분 및 합격기준

계열	자격등급	필기시험	실기시험
기능계	기능사	객관식 4지 택일형 100점 만점에 60점 이상	작업형 100점 만점에 60점 이상

2) 응시원서 작성 방법

　　큐넷 홈페이지(www.q-net.or.kr)에 접속하여 아이디와 패스워드를 입력하여 로그인 후 희망하는 종목, 날짜, 시험장소를 선택하여 원서접수를 한다.

3) 실기시험 수험자 복장

(1) 조리복

① 조리사가 입는 흰색 조리복(긴 조리복이나 상의 조리복)을 착용한다.

② 조리복은 깨끗이 세탁하여 다려 입는다.

③ 조리복에 학교마크나 이름이 새겨진 경우에는 청색테이프로 가린다.

(2) 모자

① 조리사가 쓰는 위생모자를 착용한다.

② 여성의 경우 머릿수건도 사용이 가능하다.

③ 작업 중에 머리카락이 밖으로 나오지 않도록 한다.

(3) 앞치마

① 반드시 흰색 앞치마를 착용한다.

② 허리에 끈이 풀려 나오지 않도록 단정하게 맨다.

(4) 하의

① 반드시 짙은 색의 긴바지를 착용한다.

② 무늬나 색이 요란한 바지나 청바지는 삼가도록 한다.

(5) 신발

① 흰 운동화나 조리화를 선택해서 신는다.

② 굽이 있는 구두나 샌들류는 신지 않는다.

4) 실기시험 수험자 개인위생

(1) 두발

① 짧은 머리의 경우 단정히 손질한다.

② 긴머리는 뒤로 묶고 망에 넣어 머리카락이 밖으로 나오지 않도록 한다.

(2) 얼굴

① 여성의 경우 짙은 화장은 피한다.

② 지나치게 커다란 귀걸이는 하지 않는 것이 좋다.

(3) 손

① 손톱은 짧게 자르고 매니큐어를 바르지 않는다.

② 시계나 팔찌, 반지 등을 착용하지 않는다.

5) 실기시험 수험자 지참도구

도구명	규격	수량	도구명	규격	수량
조리복	백색	1벌	수저	스테인리스	1세트
앞치마	백색	1개	김발	20cm	1개
모자	백색	1개	프라이팬	소형	1개
칼	한식용	1개	냄비	편수	1개
과도	소형	1개	뒤집개		1개
가위	조리용	1개	튀김젓가락	나무재질	1개
계량컵	200㎖	1세트	체	스텐	1개
계량스푼	15㎖, 5㎖	1세트	주걱	나무재질	1개
밀대	나무	1개	국자	스테인리스	1개
강판	플라스틱	1개	접시	중	1개
석쇠	조리용	1개	공기	소	1개
행주	면	1개	국대접	소	1개
면보자기	30×30cm	1개	쿠킹호일		적량
산적꼬치	대나무	4개	비닐봉투		3장
키친타월	기름제거	5매	검은비닐봉투	쓰레기용	1장

※ 길이를 측정할 수 있는 눈금표시가 있는 조리도구는 사용할 수 없습니다.

※ 가벼운 상처를 치료할 수 있는 상비의약품(손가락 골무, 밴드 등)

6) 수험자 유의사항

(1) 만드는 순서에 유의하며, 위생과 숙련된 기능평가를 위하여 조리작업 시 맛을 보지 않습니다.

(2) 지정된 수험자 지참 준비물 이외의 조리기구나 재료를 시험장 내에 지참할 수 없습니다.

(3) 지급재료는 시험 전 확인하여 이상이 있을 경우 시험위원으로부터 조치를 받고 시험 중에는 재료의 교환 및 추가지급은 하지 않습니다.

(4) 요구사항의 규격은 "정도"의 의미를 포함하며, 지급된 재료의 크기에 따라 가감하여

채점합니다.

(5) 위생복, 위생모, 앞치마를 착용하여야 하며, 시험장비 · 조리도구 취급 등 안전에 유의합니다.

(6) 다음 사항에 대해서는 채점대상에서 제외하니 특히 유의하시기 바랍니다.

　가) 기권 – 수험자 본인이 시험 도중 시험에 대한 포기 의사를 표현하는 경우

　나) 실격 – ① 가스레인지 화구 2개 이상(2개 포함) 사용한 경우

　　　　　　 ② 불을 사용하여 만든 조리작품이 작품특성에 벗어나는 정도로 타거나 익지 않은 경우

　　　　　　 ③ 위생복, 위생모, 앞치마를 착용하지 않은 경우

　　　　　　 ④ 시험 중 시설 · 장비(칼, 가스레인지 등) 사용 시 시험위원 및 타 수험자의 시험 진행에 위해를 일으킬 것으로 시험위원 전원이 합의하여 판단한 경우

　다) 미완성 – ① 시험시간 내에 과제 두 가지를 제출하지 못한 경우

　　　　　　　 ② 문제의 요구사항대로 과제의 수량이 만들어지지 않은 경우

　라) 오작 – ① 구이를 조림 등으로 조리하여 완성품을 요구사항과 다르게 만든 경우

　　　　　　 ② 해당 과제의 지급재료 이외의 재료를 사용하거나 석쇠 등 요구사항의 조리도구를 사용하지 않은 경우

　마) 요구사항에 표시된 실격, 미완성, 오작에 해당하는 경우

(7) 항목별 배점은 위생상태 및 안전관리 5점, 조리기술 30점, 작품의 평가 15점입니다.

(8) 시험 시작 전 가벼운 몸풀기(스트레칭) 동작으로 긴장을 풀고 시험을 시작합니다.

7) 실기시험 채점 기준표

항목	세부항목	내용	최대배점	비고
위생상태 및 안전관리	개인위생	위생복 착용, 두발, 손톱상태	3	공통배점 총 10점
	조리위생	재료와 조리기구의 취급	4	
	뒷정리	조리대의 청소상태	3	
조리기술	재료손질	재료다듬기 및 씻기	3	작품별 45점 총 90점
	조리조작	썰기와 조리하기	27	
작품평가	작품의 맛	간 맞추기	6	
	작품의 색	색의 유지 정도	5	
	담기	그릇과 작품의 조화	4	

출제기준(실기)

직무 분야	음식 서비스	중직무 분야	조리	자격 종목	한식조리기능사	적용 기간	2020.1.1.~2022.12.31.

- 직무내용 : 한식메뉴 계획에 따라 식재료를 선정, 구매, 검수, 보관 및 저장하며 맛과 영양을 고려하여 안전하고 위생적으로 음식을 조리하고 조리기구와 시설관리를 수행하는 직무이다.
- 수행준거 : 1. 음식조리 작업에 필요한 위생관련 지식을 이해하고, 주방의 청결상태와 개인위생·식품위생을 관리하여 전반적인 조리작업을 위생적으로 수행할 수 있다.
  2. 한식조리를 수행함에 있어 칼 다루기, 기본 고명 만들기, 한식 기초 조리법 등 기본적인 지식을 이해하고 기능을 익혀 조리업무에 활용할 수 있다.
  3. 쌀을 주재료로 하거나 혹은 다른 곡류나 견과류, 육류, 채소류, 어패류 등을 섞어 물을 붓고 강약을 조절하여 호화되게 밥을 조리할 수 있다.
  4. 곡류 단독으로 또는 곡류와 견과류, 채소류, 육류, 어패류 등을 함께 섞어 물을 붓고 불의 강약을 조절하여 호화되게 죽을 조리할 수 있다.
  5. 육류나 어류 등에 물을 많이 붓고 오래 끓이거나 육수를 만들어 채소나 해산물, 육류 등을 넣어 한식 국·탕을 조리할 수 있다.
  6. 육수나 국물에 장류나 젓갈로 간을 하고 육류, 채소류, 버섯류, 해산물류를 용도에 맞게 썰어 넣고 함께 끓여서 한식 찌개를 조리할 수 있다.
  7. 육류, 어패류, 채소류 등의 재료를 익기 쉽게 썰고 그대로 혹은 꼬치에 꿰어서 밀가루와 달걀을 입힌 후 기름에 지져서 한식 전·적 조리를 할 수 있다.
  8. 채소를 살짝 절이거나 생것을 양념하여 생채·회조리를 할 수 있다.

실기검정방법	작업형	시험시간	70분 정도

실기과목명	주요항목	세부항목	세세항목
한식 조리 실무	1. 한식 위생관리	1. 개인위생 관리하기	1. 위생관리기준에 따라 조리복, 조리모, 앞치마, 조리안전화 등을 착용할 수 있다 2. 두발, 손톱, 손 등 신체청결을 유지하고 작업수행 시 위생습관을 준수할 수 있다. 3. 근무 중의 흡연, 음주, 취식 등에 대한 작업장 근무수칙을 준수할 수 있다. 4. 위생관련법규에 따라 질병, 건강검진 등 건강상태를 관리하고 보고할 수 있다.
		2. 식품위생 관리하기	1. 식품의 유통기한·품질 기준을 확인하여 위생적인 선택을 할 수 있다. 2. 채소·과일의 농약 사용여부와 유해성을 인식하고 세척할 수 있다. 3. 식품의 위생적 취급기준을 준수할 수 있다. 4. 식품의 반입부터 저장, 조리과정에서 유독성, 유해물질의 혼입을 방지할 수 있다.
		3. 주방위생 관리하기	1. 주방 내에서 교차오염 방지를 위해 조리생산 단계별 작업공간을 구분하여 사용할 수 있다.

실기과목명	주요항목	세부항목	세세항목
한식 조리 실무	1. 한식 위생관리	3. 주방위생 관리하기	2. 주방위생에 있어 위해요소를 파악하고, 예방할 수 있다. 3. 주방, 시설 및 도구의 세척, 살균, 해충·해서 방제작업을 정기적으로 수행할 수 있다. 4. 시설 및 도구의 노후상태나 위생상태를 점검하고 관리할 수 있다. 5. 식품이 조리되어 섭취되는 전 과정의 주방 위생상태를 점검하고 관리할 수 있다. 6. HACCP적용업장의 경우 HACCP관리기준에 의해 관리할 수 있다.
	2. 한식 안전관리	1. 개인안전 관리하기	1. 안전관리 지침서에 따라 개인 안전관리 점검표를 작성할 수 있다. 2. 개인안전사고 예방을 위해 도구 및 장비의 정리 정돈을 상시 할 수 있다. 3. 주방에서 발생하는 개인 안전사고의 유형을 숙지하고 예방을 위한 안전수칙을 지킬 수 있다. 4. 주방 내 필요한 구급품이 적정 수량 비치되었는지 확인하고 개인 안전 보호 장비를 정확하게 착용하여 작업할 수 있다. 5. 개인이 사용하는 칼에 대해 사용안전, 이동안전, 보관안전을 수행할 수 있다. 6. 개인의 화상사고, 낙상사고, 근육팽창과 골절 사고, 절단사고, 전기기구에 인한 전기 쇼크 사고, 화재사고와 같은 사고 예방을 위해 주의사항을 숙지하고 실천할 수 있다. 7. 개인 안전사고 발생 시 신속 정확한 응급조치를 실시하고 재발 방지 조치를 실행할 수 있다.
		2. 장비·도구 안전 작업하기	1. 조리장비·도구에 대한 종류별 사용방법에 대해 주의사항을 숙지할 수 있다. 2. 조리장비·도구를 사용 전 이상 유무를 점검할 수 있다. 3. 안전 장비 류 취급 시 주의사항을 숙지하고 실천할 수 있다. 4. 조리장비·도구를 사용 후 전원을 차단하고 안전수칙을 지키며 분해하여 청소할 수 있다. 5. 무리한 조리장비·도구 취급은 금하고 사용 후 일정한 장소에 보관하고 점검할 수 있다. 6. 모든 조리장비·도구는 반드시 목적 이외의 용도로 사용하지 않고 규격품을 사용할 수 있다.

실기과목명	주요항목	세부항목	세세항목
한식 조리 실무	2. 한식 안전관리	3. 작업환경 안전관리 하기	1. 작업환경 안전관리 시 작업환경 안전관리 지침 서를 작성할 수 있다. 2. 작업환경 안전관리 시 작업장주변 정리 정돈 등 을 관리 점검할 수 있다. 3. 작업환경 안전관리 시 제품을 제조하는 작업장 및 매장의 온·습도관리를 통하여 안전사고요 소 등을 제거할 수 있다. 4. 작업장 내의 적정한 수준의 조명과 환기, 이물 질, 미끄럼 및 오염을 방지할 수 있다. 5. 작업환경에서 필요한 안전관리시설 및 안전용 품을 파악하고 관리할 수 있다. 6. 작업환경에서 화재의 원인이 될 수 있는 곳을 자주 점검하고 화재진압기를 배치하고 사용할 수 있다. 7. 작업환경에서의 유해, 위험, 화학물질을 처리기 준에 따라 관리할 수 있다. 8. 법적으로 선임된 안전관리책임자가 정기적으로 안전교육을 실시하고 이에 참여할 수 있다.
	3. 한식 기초 조리실무	1. 기본 칼 기술 습득 하기	1. 칼의 종류와 사용용도를 이해할 수 있다. 2. 기본 썰기 방법을 습득할 수 있다. 3. 조리목적에 맞게 식재료를 썰 수 있다. 4. 칼을 연마하고 관리할 수 있다.
		2. 기본 기능 습득하기	1. 한식 기본양념에 대한 지식을 이해하고 습득할 수 있다. 2. 한식 고명에 대한 지식을 이해하고 습득할 수 있다. 3. 한식 기본 육수조리에 대한 지식을 이해하고 습 득할 수 있다. 4. 한식 기본 재료와 전처리 방법, 활용방법에 대 한 지식을 이해하고 습득할 수 있다.
		3. 기본 조리법 습득 하기	1. 한식 음식종류와 상차림에 대한 지식을 이해하 고 습득할 수 있다. 2. 조리도구의 종류 및 용도를 이해하고 적절하게 사용할 수 있다. 3. 식재료의 정확한 계량방법을 습득할 수 있다. 4. 한식 기본 조리법과 조리원리에 대한 지식을 이 해하고 습득할 수 있다. 5. 조리업무 전과 후의 상태를 점검하고 정리할 수 있다.

실기과목명	주요항목	세부항목	세세항목
한식 조리 실무	4. 한식 밥 조리	1. 밥 재료 준비하기	1. 쌀과 잡곡의 비율을 필요량에 맞게 계량할 수 있다. 2. 쌀과 잡곡을 씻고 용도에 맞게 불리기를 할 수 있다. 3. 부재료는 조리법에 맞게 손질할 수 있다. 4. 돌솥, 압력솥 등 사용할 도구를 선택하고 준비할 수 있다.
		2. 밥 조리하기	1. 밥의 종류와 형태에 따라 조리시간과 방법을 조절할 수 있다. 2. 조리도구, 조리법과 쌀, 잡곡의 재료특성에 따라 물의 양을 가감할 수 있다. 3. 조리도구와 조리법에 맞도록 화력조절, 가열시간 조절, 뜸들이기를 할 수 있다.
		3. 밥 담기	1. 조리종류와 색, 형태, 인원수, 분량 등을 고려하여 그릇을 선택할 수 있다. 2. 밥을 따뜻하게 담아낼 수 있다. 3. 조리종류에 따라 나물 등 부재료와 고명을 얹거나 양념장을 곁들일 수 있다.
	5. 한식 죽 조리	1. 죽 재료 준비하기	1. 사용할 도구를 선택하고 준비할 수 있다. 2. 쌀 등 곡류와 부재료를 필요량에 맞게 계량할 수 있다. 3. 조리법에 따라서 쌀 등 재료를 갈거나 분쇄할 수 있다. 4. 부재료는 조리법에 맞게 손질할 수 있다. 5. 사용할 도구를 선택하고 준비할 수 있다.
		2. 죽 조리하기	1. 죽의 종류와 형태에 따라 조리시간과 방법을 조절할 수 있다. 2. 조리 도구, 조리법, 쌀과 잡곡의 재료특성에 따라 물의 양을 가감할 수 있다. 3. 조리도구와 조리법, 재료특성에 따라 화력과 가열시간을 조절할 수 있다.
		3. 죽 담기	1. 조리종류와 색, 형태, 인원수, 분량 등을 고려하여 그릇을 선택할 수 있다. 2. 죽을 따뜻하게 담아낼 수 있다. 3. 조리종류에 따라 고명을 올릴 수 있다.
	6. 한식 국·탕 조리	1. 국·탕 재료 준비하기	1. 조리 종류에 맞추어 도구와 재료를 준비할 수 있다. 2. 조리에 사용하는 재료를 필요량에 맞게 계량할 수 있다.

실기과목명	주요항목	세부항목	세세항목
한식 조리 실무	6. 한식 국·탕 조리	1. 국·탕 재료 준비 하기	3. 재료에 따라 요구되는 전처리를 수행할 수 있다. 4. 찬물에 육수 재료를 넣고 끓이는 시간과 불의 강도를 조절할 수 있다. 5. 끓이는 중 부유물을 제거하여 맑은 육수를 만들 수 있다. 6. 육수의 종류에 따라 냉·온으로 보관할 수 있다.
		2. 국·탕 조리하기	1. 물이나 육수에 재료를 넣어 끓일 수 있다. 2. 부재료와 양념을 적절한 시기와 분량에 맞춰 첨가할 수 있다. 3. 조리 종류에 따라 끓이는 시간과 화력을 조절할 수 있다. 4. 국·탕의 품질을 판정하고 간을 맞출 수 있다.
		3. 국·탕 담기	1. 조리종류와 색, 형태, 인원수, 분량 등을 고려하여 그릇을 선택할 수 있다. 2. 국·탕은 조리종류에 따라 온·냉 온도로 제공할 수 있다.
		3. 국·탕 담기	3. 국·탕은 국물과 건더기의 비율에 맞게 담아낼 수 있다. 4. 국·탕의 종류에 따라 고명을 활용할 수 있다.
	7. 한식 찌개 조리	1. 찌개 재료 준비하기	1. 조리종류에 맞추어 도구와 재료를 준비한다. 2. 조리에 사용하는 재료를 필요량에 맞게 계량한다. 3. 재료에 따라 요구되는 전처리를 수행할 수 있다. 4. 찬물에 육수 재료를 넣고 서서히 끓일 수 있다. 5. 끓이는 중 부유물과 기름이 떠오르면 걷어내어 제거할 수 있다. 6. 조리종류에 따라 끓이는 시간과 불의 강도를 조절할 수 있다.
		2. 찌개 조리하기	1. 채소류 중 단단한 재료는 데치거나 삶아서 사용할 수 있다. 2. 조리법에 따라 재료는 양념하여 밑간할 수 있다. 3. 육수에 재료와 양념을 첨가 시점을 조절하여 넣고 끓일 수 있다.
		3. 찌개 담기	1. 조리종류와 색, 형태, 인원수, 분량 등을 고려하여 그릇을 선택할 수 있다. 2. 조리 특성에 맞게 건더기와 국물의 양을 조절할 수 있다. 3. 온도를 뜨겁게 유지하여 제공할 수 있다.

실기과목명	주요항목	세부항목	세세항목
한식 조리 실무	8. 한식 전 · 적 조리	1. 전 · 적 재료 준비 하기	1. 전 · 적의 조리종류에 따라 도구와 재료를 준비할 수 있다. 2. 조리에 사용하는 재료를 필요량에 맞게 계량할 수 있다. 3. 전 · 적의 종류에 따라 재료를 전처리하여 준비할 수 있다.
		2. 전 · 적 조리하기	1. 밀가루, 달걀 등의 재료를 섞어 반죽의 농도를 맞출 수 있다. 2. 조리의 종류에 따라 속재료 및 혼합재료 등을 만들 수 있다. 3. 주재료에 따라 소를 채우거나 꼬치를 활용하여 전 · 적의 형태를 만들 수 있다. 4. 재료와 조리법에 따라 기름의 종류 · 양과 온도를 조절하여 지져낼 수 있다.
		3. 전 · 적 담기	1. 조리종류와 색, 형태, 인원수, 분량 등을 고려하여 그릇을 선택할 수 있다. 2. 전 · 적의 조리는 기름을 제거하여 담아낼 수 있다. 3. 전 · 적 조리를 따뜻한 온도, 색, 풍미를 유지하여 담아낼 수 있다.
	9. 한식 생채 · 회 조리	1. 생채 · 회 재료 준비 하기	1. 생채 · 회의 종류에 맞추어 도구와 재료를 준비할 수 있다. 2. 조리에 사용하는 재료를 필요량에 맞게 계량할 수 있다. 3. 재료에 따라 요구되는 전처리를 수행할 수 있다.
		2. 생채 · 회 조리하기	1. 양념장 재료를 비율대로 혼합, 조절할 수 있다. 2. 재료에 양념장을 넣고 잘 배합되도록 무칠 수 있다. 3. 재료에 따라 회 · 숙회로 만들 수 있다.
		3. 생채 · 회 담기	1. 조리종류와 색, 형태, 인원수, 분량 등을 고려하여 그릇을 선택할 수 있다. 2. 생채 · 회 그릇에 담아낼 수 있다. 3. 회는 채소를 곁들일 수 있다.
	10. 한식 구이 조리	1. 구이 재료 준비하기	1. 구이의 종류에 맞추어 도구와 재료를 준비할 수 있다. 2. 조리에 사용하는 재료를 필요량에 맞게 계량할 수 있다. 3. 재료에 따라 요구되는 전처리를 수행할 수 있다.

실기과목명	주요항목	세부항목	세세항목
한식 조리 실무	10. 한식 구이 조리	2. 구이 조리하기	1. 구이종류에 따라 유장처리나 양념을 할 수 있다. 2. 구이종류에 따라 초벌구이를 할 수 있다. 3. 온도와 불의 세기를 조절하여 익힐 수 있다. 4. 구이의 색, 형태를 유지할 수 있다.
		3. 구이 담기	1. 조리종류와 색, 형태, 인원수, 분량 등을 고려 하여 그릇을 선택할 수 있다. 2. 조리한 음식을 부서지지 않게 담을 수 있다. 3. 구이 종류에 따라 따뜻한 온도를 유지하여 담을 수 있다.
	11. 한식 조림 · 초 조리	1. 조림 · 초 재료 준비 하기	1. 조림 · 초 조리에 따라 도구와 재료를 준비할 수 있다. 2. 조리에 사용하는 재료를 필요량에 맞게 계량할 수 있다. 3. 조림 · 초 조리의 재료에 따라 전처리를 수행할 수 있다. 4. 양념장 재료를 비율대로 혼합, 조절할 수 있다. 5. 필요에 따라 양념장을 숙성할 수 있다.
		2. 조림 · 초 조리하기	1. 조리종류에 따라 준비한 도구에 재료를 넣고 양 념장에 조릴 수 있다. 2. 재료와 양념장의 비율, 첨가 시점을 조절할 수 있다. 3. 재료가 눌어붙거나 모양이 흐트러지지 않게 화 력을 조절하여 익힐 수 있다. 4. 조리종류에 따라 국물의 양을 조절할 수 있다.
		3. 조림 · 초 담기	1. 조리종류와 색, 형태, 인원수, 분량 등을 고려 하여 그릇을 선택할 수 있다. 2. 조리종류에 따라 국물 양을 조절하여 담아낼 수 있다. 3. 조림 · 초 조리에 따라 고명을 얹어낼 수 있다.
	12. 한식 볶음 조리	1. 볶음 재료 준비하기	1. 볶음 조리에 따라 도구와 재료를 준비할 수 있다. 2. 조리에 사용하는 재료를 필요량에 맞게 계량할 수 있다. 3. 볶음 조리의 재료에 따라 전처리를 수행할 수 있다. 4. 양념장 재료를 비율대로 혼합, 조절하여 만들 수 있다. 5. 필요에 따라 양념장을 숙성할 수 있다.

실기과목명	주요항목	세부항목	세세항목
한식 조리 실무	12. 한식 볶음 조리	2. 볶음 조리하기	1. 조리종류에 따라 준비한 도구에 재료와 양념장을 넣어 기름으로 볶을 수 있다. 2. 재료와 양념장의 비율, 첨가 시점을 조절할 수 있다. 3. 재료가 눌어붙거나 모양이 흐트러지지 않게 화력을 조절하여 익힐 수 있다.
		3. 볶음 담기	1. 조리종류와 색, 형태, 인원수, 분량 등을 고려하여 그릇을 선택할 수 있다. 2. 그릇형태에 따라 조화롭게 담아낼 수 있다. 3. 볶음 조리에 따라 고명을 얹어낼 수 있다.
	13. 한식 숙채 조리	1. 숙채 재료 준비하기	1. 숙채의 종류에 맞추어 도구와 재료를 준비할 수 있다. 2. 조리에 사용하는 재료를 필요량에 맞게 계량할 수 있다. 3. 재료에 따라 요구되는 전처리를 수행할 수 있다.
		2. 숙채 조리하기	1. 양념장 재료를 비율대로 혼합, 조절할 수 있다. 2. 조리법에 따라서 삶거나 데칠 수 있다. 3. 양념이 잘 배합되도록 무치거나 볶을 수 있다.
		3. 숙채 담기	1. 조리종류와 색, 형태, 인원수, 분량 등을 고려하여 그릇을 선택할 수 있다. 2. 숙채의 색, 형태, 재료, 분량을 고려하여 그릇에 담아낼 수 있다. 3. 조리종류에 따라 고명을 올리거나 양념장을 곁들일 수 있다.

세 번째 한식

한식조리기능사 실기

한식 밥조리

한식 죽조리

한식 국 · 탕조리

한식 찌개조리

한식 구이조리

한식 전 · 적조리

한식 생채 · 회조리

한식 조림 · 초조리

한식 숙채조리

한식 볶음조리

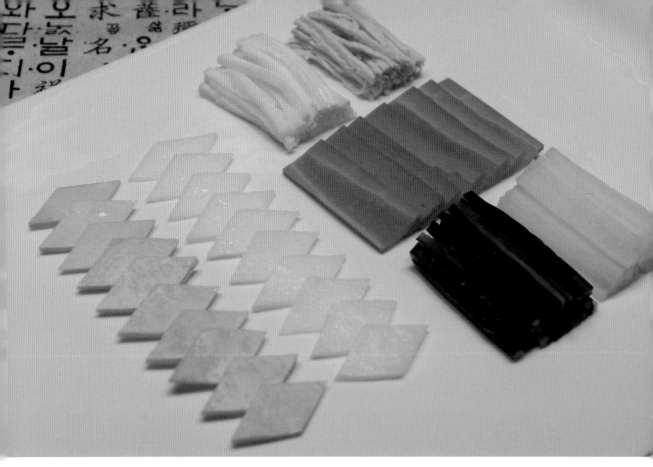

재료 썰기 │ 시험시간 **25분**

재료 및 분량

무 100g, 오이(길이 25cm 정도) ½개, 당근(길이 6cm 정도) 1토막, 달걀 3개, 식용유 20mL, 소금 10g

주요재료

요구사항

※ 주어진 재료를 사용하여 재료 썰기를 하시오.
❶ 무, 오이, 당근, 달걀지단을 썰기 하여 전량 제출하시오.
  (단, 재료별 써는 방법이 틀렸을 경우 실격)
❷ 무는 채썰기, 오이는 돌려 깎기하여 채썰기, 당근은 골패 썰기를 하시오.
❸ 달걀은 흰자와 노른자를 분리하여 알끈과 거품을 제거하고 지단을 부쳐 완자
  (마름모꼴) 모양으로 각 10개를 썰고, 나머지는 채썰기를 하시오.
❹ 재료 썰기의 크기는 다음과 같이 하시오.
  ⓐ 채썰기 – 0.2cm × 0.2cm × 5cm
  ⓑ 골패 썰기 – 0.2cm × 1.5cm × 5cm
  ⓒ 마름모형 썰기 – 한 면의 길이가 1.5cm

Check point

· 채썰기 – 0.2cm × 0.2cm × 5cm ▶ 무, 오이(돌려 깎기), 달걀지단
· 골패 썰기 – 0.2cm × 1.5cm × 5cm ▶ 당근
· 마름모형 썰기 – 윗면, 아랫면의 길이가 1.5cm ▶ 달걀지단

만드는 방법

1. 각각의 재료는 특성에 맞게 밑 준비한다.
2. 무는 줄기 방향으로 길이 5cm로 맞춰 썰고, 두께는 0.2cm로 썬 후 0.2cm로 채 썬다.
3. 오이는 길이 5cm로 맞추어 썰고, 두께 0.2cm로 돌려 깎은 후 0.2cm로 채 썬다(돌려 깎을 때 심지(씨)는 사용하지 않는다).
4. 당근은 길이 5cm로 맞추어 썰고, 두께 1.5cm 너비로 썬 후 0.2cm 두께의 골패 썰기를 한다.
5. 달걀은 흰자(백)는 면포에 감싸서 짜고, 노른자(황)는 알끈제거한 후 각각 소금과 섞은 다음 거품을 제거한다. 달걀지단의 두께는 0.2cm로 부치고 식혀서 마름모꼴 모양 각각 10장씩과 나머지는 채 썬다.
   ① 황 · 백지단의 마름모꼴 모양은 너비 1.5cm로 맞추어 썰고, 위쪽 면과 아래쪽 면의 길이는 1.5cm로 마름모꼴 모양이 나오도록 썬다. 제시할 양은 황지단 10장, 백지단 10장이다.
   ② 남은 황 · 백지단은 각각 길이 5cm 길이로 맞추어 썰고 0.2cm로 채 썬다.
6. [무 채, 오이 채, 당근 골패모양, 달걀지단] 제시된 재료 전량을 한 접시에 보기 좋게 담아 완성한다.

전처리

재료 분리(달걀), 무 · 당근 껍질 제거 및 세척, 오이는 소금으로 문질러 세척, 교차오염 주의

Tip

- 지단 : 불 조절 유의, 알끈 · 거품 제거, 달걀흰자를 면포에 감싸서 짜주면 쉽게 풀어지며, 이물질 또한 제거됨. 백지단의 경우 2장으로 나눠서 안전하게 부치기
- 지급된 재료는 버려지는 양을 최소화하여 전량 썰어서 제출
- 간단한 메뉴 일수록 조리과정, 조리자세, 위생 등에 주의
- 숙련도에 따라 동시 진행하기(예) 지단 익는 동안 당근 채썰기)

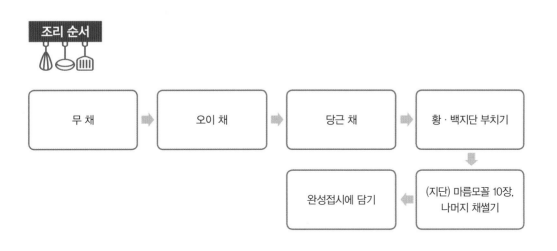

조리 순서

무 채 ➡ 오이 채 ➡ 당근 채 ➡ 황 · 백지단 부치기 ⬇ (지단) 마름모꼴 10장, 나머지 채썰기 ⬅ 완성접시에 담기

한식 밥조리

비빔밥

콩나물밥

세 번째 한식

비빔밥 | 시험시간 50분

재료 및 분량

쌀(30분 정도 물에 불린 쌀) 150g, 애호박(중, 길이 6cm) 60g, 도라지(찢은 것) 20g, 고사리(불린 것) 30g, 청포묵(중, 길이 6cm) 40g, 소고기(살코기) 30g, 달걀 1개, 건다시마(5 × 5cm) 1장, 고추장 40g, 식용유 30mL, 대파(흰 부분 4cm 정도) 1토막, 마늘(중, 깐 것) 2쪽, 진간장 15mL, 흰설탕 15g, 깨소금 5g, 검은 후춧가루 1g, 참기름 5mL, 소금(정제염) 10g

주요재료

재료손질

요구사항

※ 주어진 재료를 사용하여 비빔밥을 만드시오.

❶ 채소, 소고기, 황 · 백지단의 크기는 0.3cm × 0.3cm × 5cm로 써시오.
❷ 호박은 돌려 깎기하여 0.3cm × 0.3cm × 5cm로 써시오.
❸ 청포묵의 크기는 0.5cm × 0.5cm × 5cm로 써시오.
❹ 소고기는 고추장 볶음과 고명에 사용하시오.
❺ 밥을 담은 위에 준비된 재료들을 색 맞추어 돌려 담으시오.
❻ 볶은 고추장은 완성된 밥 위에 얹어 내시오.

✔ Check point

청포묵 밑간 : **참기름(1ts)+소금(약간)**
고사리 · 소고기 간장양념 : **다진 대파(1ts), 다진 마늘(½ts), 진간장(1Ts), 흰설탕½Ts), 깨소금(½ts), 참기름(½ts), 검은 후춧가루(약간)**
볶은 고추장 : **다진 소고기 볶기** ▶ **흰설탕(1ts)+고추장(40g)+참기름(1ts)**

• 채썰기 – 0.3cm × 0.3cm × 5cm ▶ 도라지, 고사리, 애호박(돌려 깎기),
  달걀지단, 소고기(채, 다짐).
• 청포묵 채썰기 – 0.5cm × 0.5cm × 5cm

만드는 방법

1. 물(+소금) 끓이고, 각각의 재료는 특성에 맞게 밑 준비한다.

2. 청포묵은 채썰기로 길이(5cm) ▷ **두께(0.5cm)** ▷ **채(0.5cm)**로 썰고, 끓는 물에 데친 후 물기 제거하고 밑간한다.
청포묵 밑간 : 참기름(⅓ts)+소금(약간)

3. 수분을 제거한 불린 쌀의 양을 잰 후 동량의 물(1:1)과 함께 냄비에 안쳐서 고슬고슬하게 밥을 짓는다(순서 : **강불** ▷ **끓어오르면 바로 약불** ▷ **불 끄고, 10분간 뜸들이기**).

4. 밥 짓는 동안, 간장양념에 들어갈 대파와 마늘을 곱게 다진다.
고사리 · 소고기 간장양념 : 다진 대파(1ts), 다진 마늘(½ts), 진간장(1Ts), 흰설탕½Ts), 깨소금(½ts), 참기름(⅓ts), 검은 후춧가루(약간)

5. 도라지(소금물), 애호박(돌려 깎기)은 길이(5cm) ▷ 돌려 깎은 두께(0.3cm) ▷ 채(0.3cm) 썰어 절인다.

6. 고사리는 길이(5cm)로 썰고, 만들어 둔 간장양념(⅓ 정도)에 버무린다.

7. 소고기의 고명용은 ⅔ 분량으로 길이(5cm) ▷ 두께(0.3cm) ▷ 채(0.3cm)로 썬 후 간장양념(⅔ 정도)한다. 볶은 고추장에 넣을 ⅓ 분량은 다진다.

8. 달걀지단은 황 · 백으로 나누어(+소금) 알끈을 제거하고 잘 섞어 둔다.

9. 절인 도라지는 면포에 싸서 물에 헹군 후 물기를 닦고, 절인 애호박은 키친타월을 이용해서 수분을 제거한다.

10. 달궈진 팬에 식용유(2T)를 두르고 건다시마 튀기기(식으면 잘게 부순다) ▷ 황 · 백지단 ▷ 도라지 채 ▷ 애호박 채 ▷ 간장양념 고사리 ▷ 간장양념 소고기 채 순으로 볶고, 세척한 팬에 볶은 고추장을 타지 않게 볶는다.
볶은 고추장 : 다진 소고기 볶기 ▷ 흰설탕(1ts)+고추장(40g)+참기름(⅓ts)

11. 완성그릇에 밥을 먼저 담고, 밥이 가장자리에 보이도록 나물을 색 맞춰 담은 다음 중앙에 볶은 고추장과 튀긴 다시마 가루를 얹는다.

전처리

재료 분리(건 다시마, 소고기 핏물 제거), 채소 세척, 쌀 불리고 체에 밭치기, 교차오염 주의

Tip

- 담는 순서 [밥▷(위)볶음 채+황 · 백지단▷중앙에 볶음고추장▷(위)부순 다시마]

- 숙련도에 따라 도마와 불을 동시진행 가능(예) 지단 부치는 동안 채소 썰기, 밥 짓는 동안 채소 썰기)

- 화상주의 : 튀기거나 볶을 때 재료의 수분 제거해야 기름이 튀지 않음

- 밥을 지을 때, 불을 끄는 시점은 냄비에서 탁탁거리는 소리가 나면 30초쯤에 불을 끔. 약 8분 소요됨

- 튀긴 다시마에 사용하고 남은 식용유는 볶음에 재사용

- 달걀흰자를 면포에 감싸서 짜주면 쉽게 풀어지며, 이물질 또한 제거됨

- 소고기 채는 익으면 수축되니 요구사항보다 1cm 정도 여유있게 썰어 준비함

조리 순서

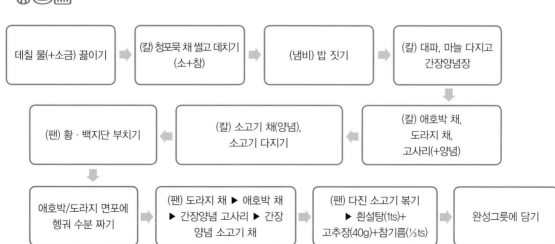

데칠 물(+소금) 끓이기	(칼) 청포묵 채 썰고 데치기 (소+참)	(냄비) 밥 짓기	(칼) 대파, 마늘 다지고 간장양념장

(팬) 황 · 백지단 부치기	(칼) 소고기 채(양념), 소고기 다지기	(칼) 애호박 채, 도라지 채, 고사리(+양념)

애호박/도라지 면포에 헹궈 수분 짜기	(팬) 도라지 채 ▶ 애호박 채 ▶ 간장양념 고사리 ▶ 간장양념 소고기 채	(팬) 다진 소고기 볶기 ▶ 흰설탕(1ts)+고추장(40g)+참기름(⅓ts)	완성그릇에 담기

콩나물밥 | 시험 30분

재료 및 분량

쌀(30분 정도 물에 불린 쌀) 150g, 콩나물 60g, 소고기(살코기) 30g, 대파(흰 부분 4cm 정도) ½토막, 마늘(중, 간 것) 1쪽,
진간장 5mL, 참기름 5mL

주요재료

재료손질

요구사항

※ 주어진 재료를 사용하여 콩나물 밥을 만드시오.
❶ 콩나물은 꼬리를 다듬고 소고기는 채 썰어 간장양념을 하시오.
❷ 밥을 지어 전량 제출하시오.

 Check point

간장양념 : **다진 대파(½ts), 다진 마늘(¼ts), 진간장(1ts), 참기름(1ts)**

만드는 방법

1. 충분히 불린 쌀은 체에 밭치고, 콩나물은 꼬리만 다듬어 세척한다. 각각의 재료는 특성에 맞게 밑 준비한다.
2. 소고기 간장양념에 들어갈 대파와 마늘을 다진 다음 간장양념을 만든다.
   간장양념 : 다진 대파(½ts), 다진 마늘(¼ts), 진간장(1ts), 참기름(1ts)
3. 소고기는 곱게 채 썰고, 만들어 놓은 간장양념장에 버무려 놓는다.
4. 지급된 불린 쌀은 채반에 밭쳐 물을 뺀 후 계량컵에 담아 양을 잰다. 냄비에 쌀, 콩나물, 소고기 순으로 담고, 밥물은 불린 쌀과 동량의 물(1:1 비율)을 붓고 밥을 짓는다.
5. 콩나물 밥의 불 조절은 강불에서 시작하다가 끓으면 약불로 줄였다가 불을 끄고 10분간 뜸을 들인다.
6. 잘 지어진 밥은 냄비에서 고루 섞어서 완성그릇에 전량 담는데 사용된 재료가 조화롭게 담아 정리한다.

전처리

재료 분리(소고기 핏물 제거, 채소 세척, **콩나물 꼬리 다듬기**, 쌀 불리고 체에 밭치기), 교차오염 주의

Tip
- 밥물 비율 : 채소 냄비밥은 [불린 쌀 : 밥물] 비율 1 : 0.7~0.80이다 (단, 시험장의 경우 1:1 비율로 함)
- **(불 조절 순서 : 강불 ▶ 끓어오르면 바로 약불 ▶ 불 끄고, 10분간 뜸 들이기)**
- 소고기는 양념하여 쌀과 함께 익히며, 콩나물밥은 전량 제출함
- 콩 비린내는 밥 짓는 동안 뚜껑을 열면 발생하므로 뚜껑을 열지 않음
- 냄비 밥을 지을 경우 젖은 행주를 뚜껑 위에 올려주면 밥물이 넘치는 것을 방지함

조리 순서

| 소고기 핏물 제거 | → | 쌀 불리고 체에 밭치기 | → | 콩나물 꼬리 다듬기 | → | (칼) 대파, 마늘 다지기 (간장양념장) |

| (냄비) 쌀 ▶ 콩나물 ▶소고기 채 ▶ 밥물(쌀과 동량) ▶ 밥짓기 | ← | 쌀 양 계량하기 | ← | (칼) 소고기 채(+양념) |

| 불 끄고 뜸들인 후 전량 섞기 | → | 완성그릇에 담기 (전량) |

한식 죽조리

장국죽

장국죽 | 시험 시간 30분

재료 및 분량

쌀(30분 정도 물에 불린 쌀) 100g, 소고기(살코기) 20g, 건표고버섯(지름 5cm 정도, 물에 불린 것) 1개(부서지지 않은 것), 대파(흰 부분 4cm 정도) 1토막, 마늘(중, 깐 것) 1쪽, 진간장 10mL, 깨소금 5g, 검은 후춧가루 1g, 참기름 10mL, 국간장 10mL

주요재료

요구사항

※ 주어진 재료를 사용하여 장국죽을 만드시오.
❶ 불린 쌀을 반 정도로 싸라기를 만들어 죽을 쑤시오.
❷ 소고기는 다지고 불린 표고는 3cm 정도의 길이로 채 써시오.

재료손질

✔ Check point

표고 양념 : 진간장(½ts) + 참기름(⅓ts)
소고기 간장양념 : 다진 대파(½ts), 다진 마늘(¼ts), 진간장(1ts), 참기름(약간), 깨소금(약간), 검은 후춧가루(약간)

· 불린 쌀 : ½ 정도로 싸라기 만들기
· 불린 표고 : 포 뜬 후 3cm

만드는 방법

1. 지급된 쌀과 표고버섯은 충분히 불린 후 체에 밭치고, 각각의 재료는 특성에 맞게 밑 준비한다.
2. **불린 표고버섯은 수분을 제거한 다음 포를 뜬 후 길이 3cm로 채 썰고 소고기는 곱게 다져서 양념한다.**
   표고 양념 : 진간장(½ts) + 참기름(⅓ts)
3. 소고기 간장양념에 들어갈 대파와 마늘을 다진 다음 간장양념을 만든다.
   소고기 간장양념 : 다진 대파(½ts), 다진 마늘(¼ts), 진간장(1ts), 참기름(약간), 깨소금(약간), 검은 후춧가루(약간)
4. 소고기는 곱게 다지고 간장양념을 해둔다.
5. **불려서 나온 쌀은 수분을 뺀 다음 양을 확인하고 반 정도로 싸라기를 만든다.**
6. 냄비에 참기름을 두르고 양념한 소고기 볶기 ▷ 표고버섯 볶기 ▷ 싸라기 쌀 볶기 ▷ 밥물 6배를 여러 차례 나눠서 넣기 ▷ 수시로 거품 제거하며 퍼질 때까지 끓인다.
7. 죽이 잘 퍼지면 완성그릇에 담기 직전에 농도를 맞추고 색과 간은 국간장으로 맞춘다.
8. 완성그릇에 보기 좋게 담고 표고버섯 채를 찾아서 모양을 낸다.

Tip
- 불린 쌀의 양을 재고 반 정도로 싸라기 만들기 (예 면포에 얇게 펴서 밀대 이용)
- 밥과 죽류에는 설탕이 쓰이지 않으며(설익음), 지급되지 않은 설탕, 소금 사용 금지
- 죽의 농도가 되직하여 물을 부었을 경우에는 한 번 더 끓여주어야 죽 위에 맑은 물이 뜨지않음
- 소고기와 표고버섯의 양념으로 죽의 색이 진하지 않게 주의함

전처리

재료 분리(소고기 핏물), 쌀·표고버섯(밑동 제거) 불리기, 밥물 양은 지급된 쌀의 6배 계량하기. 교차오염 주의

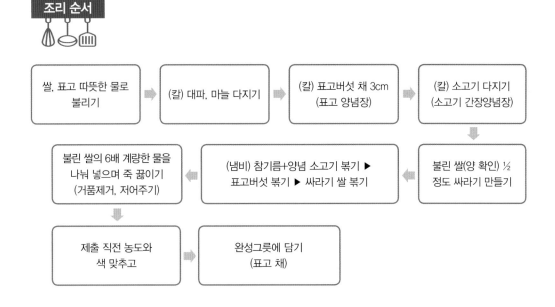

조리 순서

쌀, 표고 따뜻한 물로 불리기 ➡ (칼) 대파, 마늘 다지기 ➡ (칼) 표고버섯 채 3cm (표고 양념장) ➡ (칼) 소고기 다지기 (소고기 간장양념장)

불린 쌀의 6배 계량한 물을 나눠 넣으며 죽 끓이기 (거품제거, 저어주기) ⬅ (냄비) 참기름+양념 소고기 볶기 ▶ 표고버섯 볶기 ▶ 싸라기 쌀 볶기 ⬅ 불린 쌀(양 확인) ½ 정도 싸라기 만들기

제출 직전 농도와 색 맞추고 ➡ 완성그릇에 담기 (표고 채)

한식 국 · 탕조리

완자탕

완자탕 | 시험 30분

재료 및 분량

소고기(살코기) 50g, 소고기(사태부위) 20g, 달걀 1개, 대파(흰 부분 4cm 정도) ½토막, 밀가루(중력분) 10g, 마늘(중, 깐 것) 2쪽, 식용유 20mL, 소금(정제염) 10g, 검은 후춧가루 2g, 두부 15g, 키친타월(종이, 주방용 소 18×20cm) 1장, 국간장 5mL, 참기름 5mL, 깨소금 5g, 흰설탕 5g

주요재료

재료손질

요구사항

※ 주어진 재료를 사용하여 완자탕을 만드시오.

❶ 완자는 직경 3cm 정도로 6개를 만들고, 국 국물의 양은 200mL 이상 제출하시오.

❷ 달걀은 지단과 완자용으로 사용하시오.

❸ 고명으로 황·백지단(마름모꼴)을 각 2개씩 띄우시오.

✔ Check point

완자 양념 : 다진 소고기(3), 으깬 두부(1), 다진파,(1ts) 다진 마늘(½ts), 소금(½ts), 참기름(1ts), 깨소금(1ts), 흰설탕(약간), 검은 후춧가루(약간)

• 완자는 직경 3cm 정도로 6개 만들고 국물은 200mL 이상 제출

만드는 방법

1. 각각의 재료는 특성에 맞게 밑 준비한다.
2. 냄비에 국물용 물(1.5cup) 정도 계량하고 대파 심지와 마늘(½쪽)을 넣고 핏물 뺀 사태와 함께 강한 불로 끓인다.
   불조절 : 강불 (거품제거) ▷ 끓으면 약불 ▷ 불 끄고, 면포에 거르기 ▷ 색을 보며 국간장+소금으로 간하기
3. 완자에 넣을 대파와 마늘을 곱게 다진다.
4. 겉면을 제거한 두부는 면포에 물기를 짜서 곱게 으깬다.
5. 핏물과 기름기를 제거한 소고기를 곱게 다진다.
6. 달걀은 황(1ts 정도)지단, 백(1ts 정도)지단을 각각 마름모꼴(2장)용으로 부치고, 남은 달걀은 섞어서 완자용 달걀물을 만든다.
7. **완자 성형하기 : 완자 직경 3cm, 6개, 소고기와 두부의 지급량이 3 : 1 비율임**
   완자 양념 : 다진 소고기(3), 으깬 두부(1), 다진파,(1ts) 다진 마늘(½ts), 소금(½ts), 참기름(1ts), 깨소금(1ts), 흰설탕(약간), 검은 후춧가루(약간)
8. 완자는 밀가루(1ts) ▷ 체를 사용하여 밀가루 털어주기 ▷ 달걀물 ▷ 식용유 두른 팬에 굴려가며 둥글고 매끈하게 익힌다. 키친타월로 팬의 기름기와 불순물을 제거하며 익힌다.
9. 익은 완자는 접시에 키친타월을 깔고 여분의 기름기를 제거한다.
10. 육수가 끓으면 거품을 제거하고 익힌 완자를 넣어 잠시만 살짝 끓여 완자와 **육수 200mL(1cup) 이상** 그릇에 담고 고명은 **황·백지단(2장씩)**을 띄워낸다.

Tip
· 달걀흰자를 면포에 감싸서 짜주면 쉽게 풀어지며, 이물질 또한 제거됨
· 완자탕은 따뜻한 국물 요리이므로, 전체적인 조리 순서 중요함
· 질어지면 성형이 어렵고 모양이 눌리므로 액체조미료 사용 적게 하기
· 달걀 1개로 고명과 완자의 달걀물 나눠서 사용
· 제출할 육수의 양이 200mL 미만일 경우 '미완성' 처리됨

전처리

재료 분리(소고기 핏물 제거, 채소 세척, 두부, 밀가루) 국간장 사용, 대파 중복사용, 물 끓이기

조리 순서

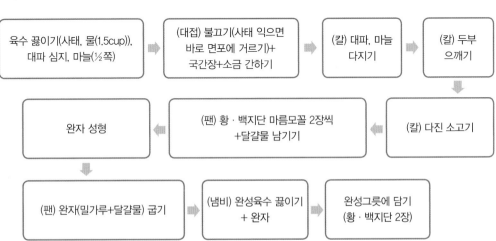

육수 끓이기(사태, 물(1.5cup)), 대파 심지, 마늘(½쪽) ⇒ (대접) 불끄기(사태 익으면 바로 면포에 거르기)+국간장+소금 간하기 ⇒ (칼) 대파, 마늘 다지기 ⇒ (칼) 두부 으깨기

완자 성형 ⇐ (팬) 황·백지단 마름모꼴 2장씩 +달걀물 남기기 ⇐ (칼) 다진 소고기

(팬) 완자(밀가루+달걀물) 굽기 ⇒ (냄비) 완성육수 끓이기 + 완자 ⇒ 완성그릇에 담기 (황·백지단 2장)

한식 찌개조리

생선찌개

두부젓국찌개

생선찌개 │ 시험 시간 **30분**

재료 및 분량

동태(300g 정도) 1마리, 무 60g, 애호박 30g, 두부 60g, 풋고추(길이 5cm 이상) 1개, 홍고추(생) 1개, 쑥갓 10g, 마늘(중, 깐 것) 2쪽, 생강 10g, 실파 40g(2뿌리), 고추장 30g, 소금(정제염) 10g, 고춧가루 10g

주요재료

재료손질

요구사항

※ 주어진 재료를 사용하여 생선찌개를 만드시오.

❶ 생선은 4~5cm 정도의 토막으로 자르시오.
❷ 무, 두부는 2.5cm × 3.5cm × 0.8cm로 써시오.
❸ 호박은 0.5cm 반달형, 고추는 통 어슷썰기, 쑥갓과 파는 4cm로 써시오.
❹ 고추장, 고춧가루를 사용하여 만드시오.
❺ 각 재료는 익는 순서에 따라 조리하고, 생선살이 부서지지 않도록 하시오.
❻ 생선대가리를 포함하여 전량 제출하시오.

✔ Check point

찌개양념 : (냄비) 물(4cup), 무, 소금(1ts), 고춧가루(1Ts), 고추장(체 1Ts), ▶ 생선 넣고 ▶ 다진 생강, 다진 마늘 ▶ 애호박, 두부 ▶ 청·홍고추, 실파, 쑥갓, 참기름 ▶ 불끄기 ▶ 완성그릇(건더기+국물)

• 생선은 4~5cm 정도의 토막(대가리도 제출)
• 무, 두부의 완성된 크기는 2.5cm × 3.5cm × 0.8cm
• 호박은 0.5cm 반달형, 고추는 통 어슷썰기, 쑥갓과 파는 4cm

만드는 방법

1. 각각의 재료는 특성에 맞게 밑 준비한다.
2. 마늘과 생강은 곱게 다진다.
3. 무, 두부는 두께(0.8cm) ▷ 가로(2.5cm) ▷ 세로(3.5cm)로 썰고, 호박은 두께(0.5cm) 반달 모양이며, 실파와 쑥갓은 길이(4cm)로 자른다. 청 · 홍고추는 두께 0.5cm 어슷썰기한 후 씨 앗을 털어낸다.
4. 생선은 비늘을 깨끗이 긁고, 주둥이를 자르고, 지느러미를 0.2cm 정도만 남기고 잘라낸다.
5. 대가리는 날개 지느러미에서 바짝 잘라내고, 몸통은 4~5cm 정도로 토막낸 다음 내장을 제 거하고 세척한다.
   찬물에(대가리, 몸통, 꼬리) 담가 핏물을 제거한다.
6. 냄비에 양념을 풀고 강불에서 끓인다.
   찌개 양념 : 물 4컵, 무, 소금(1ts), 고춧가루(1Ts), 고추장(1Ts)(고추장은 체에 내리기)
7. 물이 끓어오르면 생선(+대가리)을 넣고 끓으면 다진 생강(1ts), 다진 마늘(1ts)을 넣어 끓이다 가 생선 겉면이 익으면 애호박, 두부를 넣고 끓인다. 청 · 홍고추와 실파 넣고 거품제거하고 바로 불을 끈다.
8. 완성그릇에 생선(전량)을 먼저 담고, 무, 두부, 애호박, 청 · 홍고추, 실파를 가지런히 담은 다 음 국물을 재료의 60%가량 담고 국물에 적신 쑥갓을 올려 완성한다.

Tip
- 국물이 끓을 때 생선을 넣어야 살이 덜 부서지 고, 생강도 생선이 거의 다 익을 쯤에 넣어야 비 린내 제거에 효과적임
- 조리과정에서 무와 같 은 단단한 채소를 먼저 넣어 익히다가 생선과 무른 재료 순으로 넣어 익힘
- 특히 생선찌개는 거품 이 많이 생기므로 거품 은 수시로 걷어냄

전처리

재료 분리(생선, 채소), 재료 세척, 손질하기, 동태가 얼었을 경우 싱크대에서 해동, 재료 넣는 순서 중요(비린내), 냄비+물(4cup) 준비 (손질 중에 물이 졸아들면 안 됨)

조리 순서

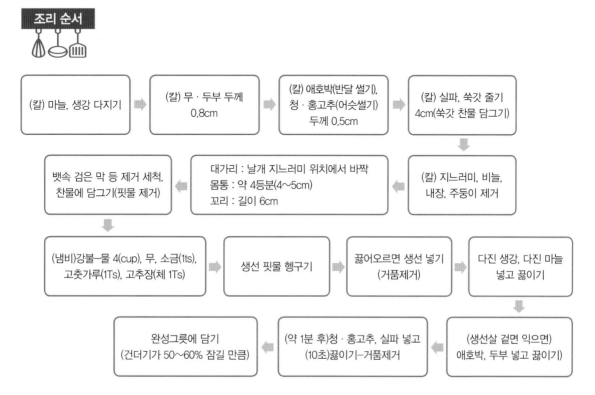

두부젓국찌개 | 시험 시간 **20분**

재료 및 분량

두부 100g, 생굴(껍질 벗긴 것) 30g, 실파 20g(1뿌리), 홍고추(생) ½개, 새우젓 10g , 마늘(중, 깐 것) 1쪽, 참기름 5mL, 소금(정제염) 5g

주요재료

요구사항

※ 주어진 재료를 사용하여 두부젓국찌개를 만드시오.

❶ 두부는 2cm × 3cm × 1cm로 써시오.

❷ 홍고추는 0.5cm × 3cm, 실파는 3cm 길이로 써시오.

❸ 간은 소금과 새우젓으로 하고, 국물을 맑게 만드시오.

❹ 찌개의 국물은 200mL 이상 제출하시오.

재료손질

✔ Check point

찌개 양념 : 물(2.5cup), 새우젓국물(1ts), 소금(½ts), 불끄기 전에 참기름(2방울)

냄비: 냄비(물+새우젓+소금) ▶ (두부) ▶ (굴) ▶ (실파+홍고추+참기름) ▶ (불끄기) ▶ 완성그릇에 건더기 담고 국물(1cup) 이상 담기

• 두부는 2cm × 3cm × 1cm

• 홍고추는 0.5cm × 3cm, 실파는 3cm 길이

만드는 방법

1. 굴은 소금물에 불순물을 제거하며 씻고, 깨끗한 물에 헹군다(소금물에 자박하게 부어 해감하기).
2. **두부는 겉면을 제거하고 가로(3cm) ▷ 세로(2cm) ▷ 두께(1cm)로 썰어놓는다.**
3. **마늘은 곱게 다지고, 실파는 길이(3cm), 홍고추는 반으로 갈라 속을 제거하고 길이 3cm 두께 0.5cm로 채 썬다.**
4. 새우젓은 면포에 걸러 국물만 사용하고, 굴은 찬물로 충분히 헹군 다음 건져 놓는다.
5. 냄비에 물(2.5cup)을 넣고 **새우젓국물(1ts), 소금(½ts) 넣고 간을 하고 강불로 끓인다.**
   찌개 양념 : 물(2.5cup), 새우젓국물(1ts), 소금(½ts), 불끄기 전에 참기름(2방울)
6. 물이 끓으면, 두부를 넣고 한소끔 끓인 후 굴을 넣고 거품을 제거한 다음 굴이 통통해지면, 다진 마늘, 홍고추, 실파, 참기름 2방울 넣고 불을 끈다.
7. 완성그릇에 두부, 굴, 홍고추, 실파를 담고 **맑은 국물은 200mL 이상 담아 완성한다.**

전처리

재료 분리(굴, 두부) 세척, 껍질 제거, 소금물에 굴 세척

Tip

- 굴은 깨끗하게 씻어야 국물이 맑음. 수시로 거품 제거해야 완성도가 높음
- 두부젓국찌개는 강하게 저으면 굴과 두부는 부서지고, 오래 끓이면 국물이 탁해짐
- 두부가 떠오르면 굴을 넣고 굴이 통통해지면 불을 끔
- (다진)새우젓은 면포에 걸러서 국물만 사용하고, 다른 방법으로는 새우젓을 뜨거운 물을 우려내서 사용하면 맑은 찌개를 끓일 수 있음

조리 순서

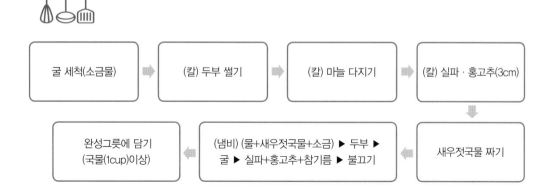

| 굴 세척(소금물) | ⇨ | (칼) 두부 썰기 | ⇨ | (칼) 마늘 다지기 | ⇨ | (칼) 실파 · 홍고추(3cm) |

| 완성그릇에 담기 (국물(1cup)이상) | ⇦ | (냄비) (물+새우젓국물+소금) ▶ 두부 ▶ 굴 ▶ 실파+홍고추+참기름 ▶ 불끄기 | ⇦ | 새우젓국물 짜기 |

한식 구이조리

제육구이 | 시험 시간 **30분**

재료 및 분량

돼지고기(등심 또는 볼깃살) 150g, 고추장 40g, 진간장 10mL, 대파(흰 부분 4cm 정도) 1토막, 마늘(중, 깐 것) 2쪽,
검은 후춧가루 2g, 흰설탕 15g, 깨소금 5g, 참기름 5mL, 생강 10g, 식용유 10mL

주요재료

요구사항

※ 주어진 재료를 사용하여 제육구이를 만드시오.

❶ 완성된 제육은 0.4cm × 4cm × 5cm 정도로 하시오.
❷ 고추장 양념하여 석쇠에 구우시오.
❸ 제육구이는 전량 제출하시오.

재료손질

✔ Check point

고추장 양념 : 다진 대파(1ts), 다진 마늘(½ts), 다진 생강(½ts), 고추장(2Ts),
흰설탕(2ts), 진간장(½ts), 참기름(1ts), 깨소금(⅓ts), 검은 후춧가루(약간)

• 완성된 제육은 0.4cm × 4cm × 5cm

만드는 방법

1. 각각의 재료는 특성에 맞게 밑 준비한다.
2. 고추장 양념에 들어갈 대파, 마늘, 생강을 곱게 다져서 사용한다.
   고추장 양념 : 다진 대파(1ts), 다진 마늘(½ts), 다진 생강(½ts), 고추장 (2Ts), 흰설탕 (2ts), 진간장(½ts), 참기름(1ts), 깨소금(⅓ts), 검은 후춧가루(약간)
3. 등심은 힘줄이나 지방을 제거하고 두께(0.3cm)로 저미며 6 × 5(cm) 크기를 크게 맞춘다(익으면 수축됨). 칼등으로 충분히 두들겨 균일하게 펴준 후 잔 칼집을 준다.
4. 손질된 등심은 고추장 양념에 재워서 놓는다.
5. **달군 석쇠에 식용유를 발라 코팅한 후에 양념한 등심을 중(약)불에서 타지 않게 초벌구이 한다.**
6. 앞뒤로 구운 등심은 **고추장 양념**을 덧발라가며 약간 꾸덕꾸덕하게 굽는다.
7. **완성그릇에 가지런하게 전량 담아낸다.**

전처리

재료 분리(돼지고기 핏물 제거), 세척, 껍질 제거, 교차 세척 주의

조리 순서

```
┌─────────────────┐    ┌─────────────────┐    ┌─────────────────┐    ┌─────────────────┐
│ (칼) 대파, 마늘, 생강 │ ⇒ │ (칼) 등심 저미고, 칼등으로 │ ⇒ │  고추장 양념에    │ ⇒ │ (석쇠) 초벌구이    │
│    다지기        │    │  두들겨 크기 맞추기  │    │   재워두기       │    │ (식용유 코팅, +양념, │
│                 │    │                 │    │                 │    │   중불)약불)     │
└─────────────────┘    └─────────────────┘    └─────────────────┘    └─────────────────┘
                                                                              ⇓
┌─────────────────┐    ┌─────────────────┐
│  완성접시에 담기    │ ⇐ │ (석쇠) 재벌구이    │
│    (전량)        │    │  (+양념, 약불)    │
└─────────────────┘    └─────────────────┘
```

너비아니구이 | 시험 시간 **25분**

재료 및 분량

소고기(안심 또는 등심) 100g(덩어리로), 진간장 50mL, 대파(흰 부분 4cm 정도) 1토막, 마늘(중, 깐 것) 2쪽, 검은 후춧가루 2g, 흰설탕 10g, 깨소금 5g, 참기름 10mL, 배 ⅛개(50g 정도 지급), 식용유 10mL, 잣(깐 것) 5개, A4용지 1장

주요재료

재료손질

요구사항

※ 주어진 재료를 사용하여 너비아니구이를 만드시오.

❶ 완성된 너비아니는 0.5cm × 4cm × 5cm로 하시오.

❷ 석쇠를 사용하여 굽고, 6쪽 제출하시오.

❸ 잣가루를 고명으로 얹으시오.

✔ Check point

너비아니 양념 : 다진 대파(1ts), 다진 마늘(½ts), 배즙(2Ts), 진간장(2Ts), 흰설탕(4ts), 깨소금(½ts), 참기름(2ts), 검은 후춧가루(약간)

• 완성된 너비아니 0.5cm × 4cm × 5cm

만드는 방법

1. 각각의 재료는 특성에 맞게 밑 준비한다.
2. 너비아니 양념에 들어갈 대파, 마늘은 곱게 다지고, 배는 갈아서 면포에 걸러 즙을 낸다.
3. 소고기는 힘줄이나 지방을 제거하고 가로 · 세로 4×5(cm), 두께 0.5cm로 6쪽 썰고, 수축되지 않게 칼등으로 충분히 두들겨 균일하게 펴준 후 잔 칼집을 준다(크기 맞추고, 주변 다듬기).
4. 너비아니 양념을 만들어서 소고기를 재워둔다.
   너비아니 양념 : 다진 대파(1ts), 다진 마늘(½ts), 배즙(2Ts), 진간장(2Ts), 흰설탕(4ts), 깨소금(½ts), 참기름(2ts), 검은 후춧가루(약간)
5. 잣은 고깔을 제거하고 A4 종이에서 기름을 뺀 다음 다져서 잣가루를 만든다.
6. 달군 석쇠에 식용유로 코팅한 후에 양념한 소고기를 [중불(초벌,90%익히기) ▷ 약불(재벌)] 타지 않게 굽는다.
7. 완성그릇에 6쪽을 담고 잣가루를 가지런히 올려 완성한다.

전처리

재료 분리(소고기 핏물 제거) 세척, 껍질 제거, 배는 갈아서 면포에 걸러 즙, 잣 고깔 제거, 교차오염 주의

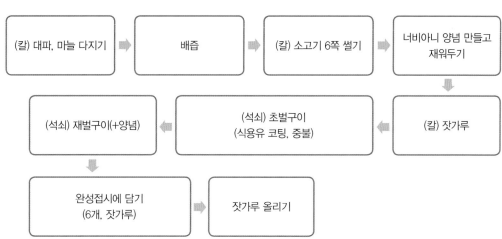

조리 순서

(칼) 대파, 마늘 다지기 ➡ 배즙 ➡ (칼) 소고기 6쪽 썰기 ➡ 너비아니 양념 만들고 재워두기

(석쇠) 재벌구이(+양념) ⬅ (석쇠) 초벌구이 (식용유 코팅, 중불) ⬅ (칼) 잣가루

완성접시에 담기 (6개, 잣가루) ➡ 잣가루 올리기

Tip

- 석쇠는 달군 석쇠에 식용유를 여러 차례 발라가며 코팅
- 초벌구이에서 불꽃 닿지 않게 90% 익히기
- 재벌구이에서 약불로 타지 않게 익히기
- 초벌구이 시, 생고기의 붉은 색이 없으며 젓가락을 눌렀을 때 단단한 느낌이 나면 익은 것임. 익으면 양념장을 덧발라 재벌구이 함
- 소고기는 결 반대로 잘라야 연하지만 지급된 모양을 활용하여 썰음
- 양념장에 들어가는 대파와 마늘은 곱게 다져서 넣어야 구울 때 타지 않음

더덕구이 | 시험시간 **30분**

재료 및 분량

통더덕(껍질 있는 것, 길이 10~15cm 정도) 3개, 진간장 10mL, 대파(흰 부분 4cm 정도) 1토막, 마늘(중, 깐 것) 1쪽, 고추장 30g, 흰설탕 5g, 깨소금 5g, 참기름 10mL, 소금(정제염) 10g, 식용유 10mL

주요재료

재료손질

요구사항

※ 주어진 재료를 사용하여 더덕구이를 만드시오.

❶ 더덕은 껍질을 벗겨 사용하시오.

❷ 유장으로 초벌구이 하고, 고추장 양념으로 석쇠에 구우시오.

❸ 완성품은 전량 제출하시오.

✔ **Check point**

고추장 양념 : 다진 대파(1ts), 다진 마늘(½Ts), 고추장(2Ts), 흰설탕(1ts), 진간장 (½ts), 깨소금(약간), 참기름(약간)

유장 양념 : 참기름(1ts), 진간장(⅓ts)

만드는 방법

1. 껍질을 벗긴 통 더덕은 길이(5cm)로 자르고 큰 것은 반을 가른 다음 밀대로 가볍게 밀어 준 후 따뜻한 소금물(+1Ts)에 절인다.
2. 고추장 양념에 들어갈 파, 마늘은 곱게 다지고, 초벌에 들어갈 유장양념을 만든다.
   고추장 양념 : 다진 대파(1ts), 다진 마늘(½Ts), 고추장(2Ts), 흰설탕(1ts), 진간장(½ts), 깨소금(약간), 참기름(약간)
   유장 양념 : 참기름(1ts), 진간장(⅓ts)
3. 쓴맛을 뺀 더덕은 물기를 닦은 후 밀대로 밀고 부드럽게 두들겨야 부서지지 않게 펴진다.
4. 납작하게 편 더덕은 유장을 살짝 발라서 식용유로 코팅된 석쇠에 90% 정도 초벌구이해서 익힌다(약불).
5. 초벌구이 한 더덕에 고추장 양념을 골고루 발라 석쇠에 타지 않게 빠르게 재벌구이 한다.
6. 완성그릇에 껍질 부분이 위로 향하게 전량 담아 제출한다.

전처리

재료 분리(더덕(흙), 세척 및 껍질까기) 더덕은 껍질을 까서 절이기(**메뉴와 상관없이 제일 먼저 절이기**)

조리 순서

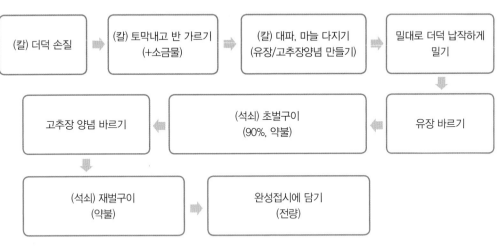

| (칼) 더덕 손질 | → | (칼) 토막내고 반 가르기 (+소금물) | → | (칼) 대파, 마늘 다지기 (유장/고추장양념 만들기) | → | 밀대로 더덕 납작하게 밀기 |

| 고추장 양념 바르기 | ← | (석쇠) 초벌구이 (90%, 약불) | ← | 유장 바르기 |

| (석쇠) 재벌구이 (약불) | → | 완성접시에 담기 (전량) |

Tip

- 석쇠는 달군 석쇠에 식용유를 여러 차례 발라가며 코팅
- 초벌구이에서 불꽃 닿지 않게 90% 익히기
- 재벌구이에서 약불로 가장자리 타지 않게 익히기
- 더덕의 껍질은 칼집을 내고 돌려 가며 벗기고, 절이기 전 밀대로 살짝 두들겨 주면 빠르게 절여지고 쓴맛이 제거됨
- 절여진 상태는 더덕을 휘었을 때 부드럽게 휘면 잘 절여진 것임
- 덜 절여진 더덕의 경우 부서지므로 처음부터 따뜻한 소금물(1Ts)에 자박하게 담가서 충분히 절이도록 함

생선양념구이 | 시험시간 **30분**

재료 및 분량

조기(100~120g 정도) 1마리, 진간장 20mL, 대파(흰 부분 4cm 정도) 1토막, 마늘(중, 깐 것) 1쪽, 고추장 40g, 흰설탕 5g, 깨소금 5g, 참기름 5mL, 소금(정제염) 20g, 검은 후춧가루 2g, 식용유 10mL

주요재료

요구사항

※ 주어진 재료를 사용하여 생선양념구이를 만드시오.

❶ 생선은 대가리와 꼬리를 포함하여 통째로 사용하고 내장은 아가미쪽으로 제거하시오.

❷ 유장으로 초벌구이 하고, 고추장 양념으로 석쇠에 구우시오.

❸ 생선구이는 대가리 왼쪽, 배 앞쪽 방향으로 담아내시오.

재료손질

 Check point

고추장 양념 : **다진 대파(1ts), 다진 마늘(½ts), 고추장(2Ts), 흰설탕(1ts), 진간장(½ts), 깨소금(약간), 참기름(약간), 검은 후춧가루(약간)**

유장 양념 : **참기름(1ts), 진간장(⅓ts)**

만드는 방법

1. 조기는 세척한 다음 소금을 넉넉히 뿌려 절인다(부서짐 방지).
2. 고추장 양념에 들어갈 대파와 마늘을 곱게 다지고, 고추장 양념과 유장 양념을 만든다.
   고추장 양념 : 다진 파(1ts), 다진 마늘(½ts), 고추장(2Ts), 흰설탕(1ts), 진간장(½ts), 깨소금(약간), 참기름(약간), 검은 후춧가루(약간)
   유장 양념 : 참기름(1ts), 진간장(⅓ts)
3. 생선은 통째로 사용하며, 비늘을 깨끗이 긁고, 지느러미를 0.2cm 정도만 남기고 잘라낸다. 아가미 쪽으로 내장을 제거한 다음 깨끗하게 세척하고 앞뒤로 칼집을 3번 넣어준다. 그리고 유장 양념을 해서 재워둔다.
4. 달군 석쇠에 식용유를 발라 코팅한 후에 유장을 바른 생선을 중불(약불)에서 타지 않게 90% 정도 익혀서 초벌구이 한다.
5. 앞뒤로 구운 생선은 고추장 양념을 덧발라가며 약간 꾸덕꾸덕하게 재벌구이한다.
6. 완성그릇에 대가리가 왼쪽, 꼬리가 오른쪽, 배가 아래쪽으로 향하도록 담는다.

전처리

재료 분리(조기 소금에 절이기), 세척, 손질, 아가미쪽으로 내장 제거, 교차오염 주의

Tip

- 석쇠는 달군 석쇠에 식용유를 여러 차례 발라가며 코팅
- 초벌구이에서 불꽃 닿지 않게 90% 익히기
- 재벌구이에서 약불로 타지 않게 익히기
- 석쇠를 작업에서는 동시진행이 어려움
- 생선은 살이 부서지거나 대가리가 떨어지지 않도록 주의해서 아가미 쪽으로 젓가락을 사용해서 내장을 전부 제거
- 병어는 살이 두꺼우므로 조기보다 굽는 시간이 더 오래 걸림

조리 순서

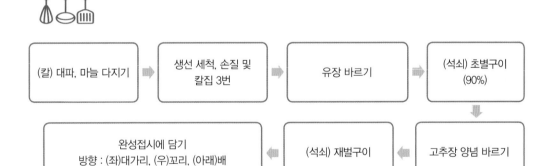

(칼) 대파, 마늘 다지기 ➡ 생선 세척, 손질 및 칼집 3번 ➡ 유장 바르기 ➡ (석쇠) 초벌구이 (90%) ⬇

완성접시에 담기 방향 : (좌)대가리, (우)꼬리, (아래)배 ⬅ (석쇠) 재벌구이 ⬅ 고추장 양념 바르기

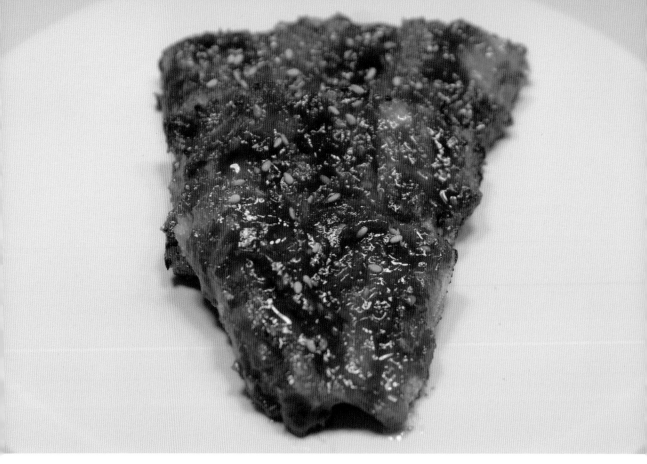

북어구이 | 시험 시간 **20분**

재료 및 분량

북어포(반을 갈라 말린 껍질이 있는 것 40g) 1마리, 진간장 20mL, 대파(흰 부분 4cm 정도) 1토막, 마늘(중, 깐 것) 2쪽, 고추장 40g, 흰설탕 10g, 깨소금 5g, 참기름 15mL, 검은 후춧가루 2g, 식용유 10mL

주요재료

재료손질

요구사항

※ 주어진 재료를 사용하여 북어구이를 만드시오.

❶ 구워진 북어의 길이는 5cm로 하시오.
❷ 유장으로 초벌구이 하고, 고추장 양념으로 석쇠에 구우시오.
❸ 완성품은 3개를 제출하시오.
　(단, 세로로 잘라 3/6토막 제출할 경우 수량부족으로 미완성 처리)

✔ **Check point**

유장 양념 : **참기름(1ts) : 진간장(⅓ts)**
고추장 양념 : **다진 대파(1ts), 다진 마늘(½ts), 고추장(2Ts), 흰설탕(2ts), 진간장(½ts), 참기름(1ts), 깨소금(1ts), 검은 후춧가루(약간)**

· 구워진 북어의 길이는 5cm

만드는 방법

1. 각각의 재료는 특성에 맞게 밑 준비한다.
2. 북어포는 물에 적신 후 물기를 짜고 젖은 면포에 말아서 불린다. 대가리와 잔뼈나 지느러미를 제거하고, 잔 칼집을 바깥쪽과 안쪽에 골고루 넣는다. 대가리를 제거한 북어포는 가로로 3등분 하는데, 몸통은 6cm 길이로 2장, 꼬리는 7cm 길이로 자른다.
3. 초벌 구이용 유장양념은 3 : 1 비율이다.
   유장 양념 : 참기름(1ts) : 진간장(⅓ts)
4. 고추장 양념에 들어갈 대파와 마늘을 곱게 다져 고추장 양념을 만든다.
   고추장 양념 : 다진 대파(1ts), 다진 마늘(½ts), 고추장(2Ts), 흰설탕(2ts), 진간장(½ts), 참기름(1ts), 깨소금(1ts), 검은 후춧가루(약간)
5. 손질된 북어포에 유장양념을 살짝 발라서 80~90% 가량 석쇠(+식용유 코팅)에 초벌구이 한다.
6. 초벌구이한 북어포에 고추장양념을 골고루 묻혀서 재운 다음 북어포가 타지 않게 빠르게 굽는다.
7. 완성그릇에 대가리 ▷ 몸통 ▷ 꼬리 순으로 3조각을 담아낸다.

전처리

재료 분리, 재료 세척, 북어 젖은 면포에 불리기

조리 순서

북어 불리기 ▶ 북어 대가리, 지느러미, 잔뼈 제거 ▶ (칼) 잔 칼집 넣기 ▶ 길이에 맞춰 3등분 ▶ 유장양념하기

(석쇠) 재벌구이 (90%) ◀ 고추장 양념하기 ◀ (석쇠) 초벌구이 (약불)

완성그릇에 담기 (대가리 ▶ 몸통 ▶ 꼬리)

Tip

- 석쇠는 달군 석쇠에 식용유를 여러 차례 발라가며 코팅
- 초벌구이에서 불꽃 닿지 않게 90% 익히기
- 재벌구이에서 약불로 타지 않게 익히기
- 북어포는 물에 오래 불리면 살이 부서지고, 덜 불리면 딱딱해짐
- 북어 안쪽에 잔 칼집을 골고루 넣는데 북어껍질은 가로, 세로 잔 칼집을 넣어야 뒤틀림을 막을 수 있음
- 북어는 익으면 길이가 줄어들어서 요구사항보다 1cm 정도 크게 잘라줌
- 특히 꼬리의 경우 줄어드는 길이가 심해서 요구사항보다 2cm 크게 잘라줌
- 초벌구이는 유장 양념을 하고 80~90% 익혀주고, 고추장 양념을 바르고 타지 않게 빠르게 익혀줌
- 석쇠 양쪽손잡이를 꽉 붙잡고 구우면 형태가 반듯하게 구워짐

한식 전 · 적조리

세 번째 한식

섭산적

화양적

지짐누름적

풋고추전

표고전

생선전

육원전

섭산적 | 시험 30분

재료 및 분량

소고기(살코기) 80g, 두부 30g, 대파(흰 부분 4cm 정도) 1토막, 마늘(중, 깐 것) 1쪽, 소금(정제염) 5g, 흰설탕 10g, 깨소금 5g, 참기름 5mL, 검은 후춧가루 2g, 잣(깐 것) 10개, 식용유 30mL

주요재료

재료손질

요구사항

※ 주어진 재료를 사용하여 섭산적을 만드시오.

❶ 고기와 두부의 비율을 3:1 정도로 하시오.

❷ 다져서 양념한 소고기는 크게 반대기를 지어 석쇠에 구우시오.

❸ 완성된 섭산적은 0.7cm × 2cm × 2cm로 9개 이상 제출하시오.

✔ Check point

소금 양념 : 다진 대파(1ts), 다진 마늘(1ts), 소금(½ts), 참기름(1ts), 깨소금(½ts), 흰설탕(½ts), 검은 후춧가루(약간)

· 완성된 섭산적은 0.7cm × 2cm × 2cm로 9개 이상 제출하시오.

만드는 방법

1. 각각의 재료는 특성에 맞게 밑 준비한다.
2. 섭산적에 들어갈 대파, 마늘을 곱게 다지고 양념장을 만든다.
   소금 양념 : 다진 대파(1ts), 다진 마늘(1ts), 소금(½ts), 참기름(1ts), 깨소금(½ts), 흰설탕(½ts), 검은 후춧가루(약간)
3. 두부는 겉면을 제거하고 면포에 수분을 제거한 다음 칼등으로 으깬다.
4. 핏물을 제거한 소고기는 힘줄과 지방을 제거하고 곱게 다진다.
5. **섭산적의 소고기와 두부는 3 : 1 비율이며, 소금양념장에 버무리고 충분히 치대 찰기가 생기도록 한다.**
6. 고깔을 제거한 잣은 키친타월로 기름을 뺀 다음 다져서 잣가루를 만든다.
7. **반죽한 섭산적은 도마 위에 식용유를 살짝 발라서 완성된 두께 0.7cm(가로 · 세로 6cm 이상)가 되도록 정사각형 반대기를 지어 잔 칼집을 가로방향, 세로방향으로 곱게 넣는다.**
8. **달군 석쇠에 식용유를 발라 코팅한 다음 타지 않게 반대기를 구워 충분히 익힌다.**
9. 잣은 고깔을 제거하고 키친타월에서 기름을 뺀 다음 다져서 잣가루를 만든다.
10. **구운 섭산적은 완전히 식힌 다음 2 × 2(cm)로 썰어 완성접시에 9조각을 담고 잣가루를 뿌려 제출한다.**

Tip

- 석쇠는 달군 석쇠에 식용유를 여러 차례 발라가며 코팅
- 초벌구이에서 불꽃 닿지 않게 90% 익히기
- 재벌구이에서 약불로 타지 않게 익히기
- 소고기반죽은 충분히 치대야 부서지지 않고 표면이 매끈하며, 구운 섭산적은 완전히 식힌 다음 썰어야 모양이 반듯함
- 반대기를 만들 때 도마 위에 위생비닐이나 랩을 깔고 만들면 모양내기에 좋음

전처리

재료 분리(소고기는 핏물 제거, 잣은 고깔 제거), 세척, 두부 겉면 제거, 교차오염 주의

조리 순서

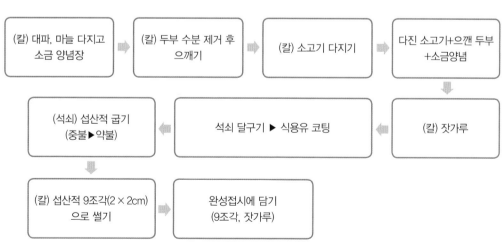

```
(칼) 대파, 마늘 다지고      (칼) 두부 수분 제거 후      (칼) 소고기 다지기      다진 소고기+으깬 두부
    소금 양념장        ➡        으깨기         ➡                    ➡      +소금양념
                                                                              ⬇
(석쇠) 섭산적 굽기    ⬅    석쇠 달구기 ▶ 식용유 코팅    ⬅      (칼) 잣가루
   (중불▶약불)
      ⬇
(칼) 섭산적 9조각(2 × 2cm)  ➡      완성접시에 담기
    으로 썰기                  (9조각, 잣가루)
```

화양적 | 시험 시간 35분

재료 및 분량

소고기(살코기, 길이 7cm) 50g, 건표고버섯(물에 불린 것, 지름 5cm 정도) 1개(부서지지 않은 것), 당근(곧은 것, 길이 7cm 정도) 50g, 오이(가늘고 곧은 것, 20cm 정도) ½개, 통도라지(껍질 있는 것, 길이 20cm 정도) 1개, 산적꼬치(길이 8~9cm 정도) 2개, 진간장 5mL, 대파(흰 부분 4cm 정도) 1토막, 마늘(중, 깐 것) 1쪽, 소금(정제염) 5g, 흰설탕 5g, 깨소금 5g, 참기름 5mL, 검은 후춧가루 2g, 잣(깐 것) 10개, A4용지 1장, 달걀 2개, 식용유 30mL

주요재료

재료손질

요구사항

※ 주어진 재료를 사용하여 화양적을 만드시오.

❶ 화양적은 0.6cm × 6cm × 6cm로 만드시오.

❷ 달걀노른자로 지단을 만들어 사용하시오.
   (단, 달걀흰자 지단을 사용하는 경우 오작 처리)

❸ 화양적은 2꼬치를 만들고 잣가루를 고명으로 얹으시오.

✔ Check point

표고버섯 간장양념 비율 : 진간장(1) : 흰설탕(0.5) : 참기름(0.5) 비율
표고버섯+소고기 간장양념 : 진간장(2ts), 흰설탕(1ts), 참기름(1ts), 다진 대파(⅓ts), 다진 마늘(⅓ts), 깨소금(약간), 검은 후춧가루(약간)

• 화양적은 0.6cm × 6cm × 6cm로 만드시오.

만드는 방법

1. 당근과 도라지를 데칠 물(+소금) 끓이고, 각각의 재료는 특성에 맞게 밑 준비한다.
2. 통도라지는 껍질을 벗겨내고 길이(6cm) ▷ 폭(1cm) ▷ 두께(0.6cm)로 맞추고 소금에 절여서 쓴맛을 뺀다.
3. 오이는 반으로 잘라 얇은 가장자리를 자르고 껍질 폭(1cm) ▷ 길이(6cm) ▷ 두께(0.6cm)로 썰어 소금에 절인다.
4. 당근은 길이(6cm) ▷ 폭(1cm) ▷ 두께(0.6cm)로 썰어 소금에 절인다.
5. 끓는 물에 도라지를 데치고, 당근을 데친 다음 소금+참기름(약간)에 밑간한다.
6. 밑동을 제거한 불린 표고버섯은 수분을 제거하고, 길이(6cm) ▷ 폭(1cm) ▷ 두께(0.6cm)로 썰어 표고버섯 간장양념한다(표고버섯과 소고기 양념장을 따로 만들지 않는다).
   표고버섯 간장양념 비율 : 진간장(1) : 흰설탕(0.5) : 참기름(0.5) 비율
7. 소고기 양념에 넣을 파, 마늘은 곱게 다진 후 소고기 간장양념을 만든다.
   표고버섯+소고기 간장양념 : **진간장(2ts), 흰설탕(1ts), 참기름(1ts), 다진 대파(⅓ts), 다진 마늘(⅓ts), 깨소금(약간), 검은 후춧가루(약간)**
8. 소고기는 길이(8cm) ▷ 폭(1.5cm) ▷ 두께(0.4cm)로 썰어 잔 칼집을 넣고 고기양념을 한다.
9. 잣은 고깔을 제거하고 A4 종이에서 기름을 뺀 다음 다져서 잣가루를 만든다.
10. 달걀은 노른자만 사용하고 소금을 넣어 부드럽게 풀어 놓는다.
11. 절인 오이는 찬물에 헹구고 수분을 제거한다.
12. 팬에 식용유 코팅을 하고 황색지단을 길이 7cm 지름은 5~6cm가 되도록 하고, 3단으로 접어 폭이 2cm가 되도록 만들어 크기에 맞게 잘라서 사용한다.
    볶기 : 황지단 ▷ 도라지 ▷ 오이 ▷ 당근 ▷ 표고버섯 ▷ 소고기 순으로 볶고 식힌다.
13. 달걀 ▷ 오이 ▷ 소고기 ▷ 도라지 ▷ 표고버섯 ▷ 당근 순으로 배열하고 위에서 1cm 밑에 꼬치(산적꼬치)를 꽂는다. 꼬치 끝은 1cm 정도 남도록 자른다.
14. **완성그릇에 화양적을 2개 담고 잣가루를 뿌려 마무리한다.**

> **Tip**
> - 표고버섯을 양념할 때 양념장을 만들면서 [간, 설, 참]을 일부 사용하고, 남은 양념에 향신재료를 넣어 소고기를 양념함 ▶ 표고버섯과 소고기 양념장을 따로 만들지 않음
> - 재료의 색을 선명하게 살려서 익히고, 재료의 크기와 두께를 일정해야 꼬치에 끼우기가 좋음
> - 소고기는 익으면 줄어들기 때문에 길이와 폭을 조금 길게 하고 잔 칼집을 넣어 수축을 최소화함
> - 2개의 화양적은 배열이 동일하며, 색이 비슷한 색이 겹치지 않게 하고 흐물거리는 표고버섯과 고기는 안쪽에 위치하도록 자리 잡아 꼬치를 꽂음

전처리

재료 분리(달걀, 소고기 핏물 제거, 표고버섯 충분히 불리기), 데칠 물(+소금) 끓이기, 세척 및 껍질 벗기기, 도라지–당근–오이 절이기, 도라지, 당근 데치기)

조리 순서

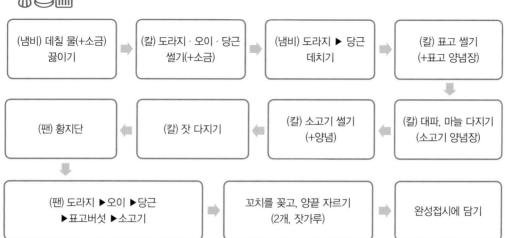

(냄비) 데칠 물(+소금) 끓이기 ▶ (칼) 도라지 · 오이 · 당근 썰기(+소금) ▶ (냄비) 도라지 ▶ 당근 데치기 ▶ (칼) 표고 썰기 (+표고 양념장)

(팬) 황지단 ◀ (칼) 잣 다지기 ◀ (칼) 소고기 썰기 (+양념) ◀ (칼) 대파, 마늘 다지기 (소고기 양념장)

(팬) 도라지 ▶오이 ▶당근 ▶표고버섯 ▶소고기 ▶ 꼬치를 꽂고, 양끝 자르기 (2개, 잣가루) ▶ 완성접시에 담기

지짐누름적 | 시험 시간 **35분**

재료 및 분량

소고기(살코기, 길이 7cm) 50g, 건표고버섯(물에 불린 것, 지름 5cm 정도) 1개(부서지지 않은 것), 당근(곧은 것, 길이 7cm 정도) 50g, 쪽파(중) 2뿌리, 통도라지(껍질 있는 것, 길이 20cm 정도) 1개, 밀가루(중력분) 20g, 달걀 1개, 참기름 5mL, 산적꼬치(길이 8~9cm 정도) 2개, 식용유 30mL, 소금(정제염) 5g, 진간장 10mL, 흰설탕 5g, 대파(흰 부분 4cm 정도) 1토막, 마늘(중, 깐 것) 1쪽, 검은 후춧가루 2g, 깨소금 5g

주요재료

재료손질

요구사항

※ 주어진 재료를 사용하여 지짐누름적을 만드시오.

❶ 각 재료는 0.6cm × 1cm × 6cm로 하시오.

❷ 누름적의 수량은 2개를 제출하고, 꼬치는 빼서 제출하시오.

✔ **Check point**

표고버섯 간장양념 비율 : 진간장(1) : 흰설탕(0.5) : 참기름(0.5) 비율

표고버섯+소고기 간장양념 : 진간장(2ts), 흰설탕(1ts), 참기름(1ts), 다진 대파(⅓ts), 다진 마늘(⅓ts), 깨소금(약간), 검은 후춧가루(약간)

• 각 재료의 크기 0.6cm × 1cm × 6cm

만드는 방법

1. 당근과 도라지를 데칠 물(+소금) 끓이고, 각각의 재료는 특성에 맞게 밑 준비한다.
2. 통도라지는 껍질을 벗겨내고 길이(6cm) ▷ 폭(1cm) ▷ 두께(0.6cm)로 맞추고 소금에 절여서 쓴맛을 뺀다.
3. 당근은 길이(6cm) ▷ 폭(1cm) ▷ 두께(0.6cm)로 썰어 소금에 절인다.
4. 쪽파는 길이(6cm)로 자른 후 참기름(⅛ts), 깨소금(약간)에 양념한다.
5. 끓는 물에 도라지 ▷ 당근을 데친 다음 소금+참기름(약간)에 밑간한다.
6. 밑을 제거한 불린 표고버섯은 수분을 제거하고, 길이(6cm) ▷ 폭(1cm) ▷ 두께(0.6cm)로 썰어 표고버섯 간장양념한다(표고버섯과 소고기 양념장을 따로 만들지 않음).
   표고버섯 간장양념 비율 : 진간장(1) : 흰설탕(0.5) : 참기름(0.5) 비율
7. 소고기 양념에 넣을 파, 마늘은 곱게 다진 후 소고기 간장양념을 만든다.
   표고버섯+소고기 간장양념 : 진간장(2ts), 흰설탕(1ts), 참기름(1ts), 다진 대파(⅛ts), 다진 마늘(⅛ts), 깨소금(약간), 검은 후춧가루(약간)
8. 소고기는 길이(8cm) ▷ 폭(1.5cm) ▷ 두께(0.4cm)로 썰어 잔 칼집을 넣고 고기양념을 한다.
9. 달걀은 황·백을 혼합하여 소금을 넣고 풀어서 체에 내린다.
10. 팬에 식용유를 약간 두르고 도라지 ▷ 당근 ▷ 표고버섯 ▷ 소고기 순으로 볶고 식힌다.
11. 당근 ▷ 소고기 ▷ 쪽파 ▷ 표고 ▷ 도라지 순으로 배열하고 위에서 1cm 밑에 꼬치(산적 꼬치)를 꽂는다.
12. 깨끗한 팬에 식용유를 두르고 약불에서 누름적을 밀가루 ▷ 달걀물(빈틈없이) 순으로 적셔서 눌러가며 앞뒤로 지진다.
13. 식힌 지짐누름적은 꼬치를 나사 빼듯 돌려 가며 제거한다.
14. 완성그릇에 이쁘게 지져진 면을 위로 향하도록 지짐누름적 2개를 담아 마무리한다.

전처리

재료 분리(소고기 핏물 제거, 달걀, 표고는 충분히 불리기) 재료 세척, 껍질 제거, 교차오염 주의

조리 순서

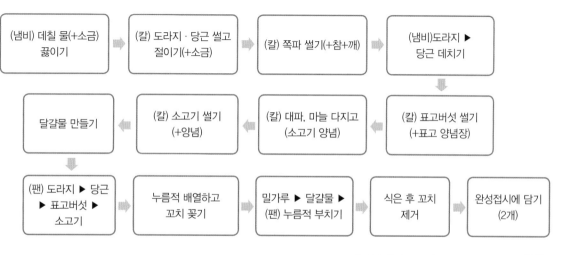

(냄비) 데칠 물(+소금) 끓이기 ➡ (칼) 도라지 · 당근 썰고 절이기(+소금) ➡ (칼) 쪽파 썰기(+참+깨) ➡ (냄비)도라지 ▶ 당근 데치기

달걀물 만들기 ⬅ (칼) 소고기 썰기 (+양념) ⬅ (칼) 대파, 마늘 다지고 (소고기 양념) ⬅ (칼) 표고버섯 썰기 (+표고 양념장)

(팬) 도라지 ▶ 당근 ▶ 표고버섯 ▶ 소고기 ➡ 누름적 배열하고 꼬치 꽂기 ➡ 밀가루 ▶ 달걀물 ▶ (팬) 누름적 부치기 ➡ 식은 후 꼬치 제거 ➡ 완성접시에 담기 (2개)

풋고추전 | 시험 25분

재료 및 분량

풋고추(길이 11cm 이상) 2개, 소고기(살코기) 30g, 두부 15g, 밀가루(중력분) 15g, 달걀 1개, 대파(흰 부분 4cm 정도) 1토막, 검은 후춧가루 1g, 참기름 5mL, 소금(정제염) 5g, 깨소금 5g, 마늘(중, 깐 것) 1쪽, 식용유 20mL, 흰설탕 5g

주요재료

요구사항

※ 주어진 재료를 사용하여 풋고추전을 만드시오.
❶ 풋고추는 5cm 길이로, 소를 넣어 지져 내시오.
❷ 풋고추는 잘라 데쳐서 사용하며, 완성된 풋고추전은 8개를 제출하시오.

재료손질

✔ Check point

소금 양념 : 다진 소고기, 으깬 두부 (3 : 1비율), 다진 대파(½ts), 다진 마늘(½ts), 참기름(½ts), 소금(⅓ts), 깨소금(⅓ts), 검은 후춧가루(약간), 설탕(약간)

• 풋고추는 길이 5cm

만드는 방법

1. 풋고추를 데칠 물(+소금) 끓이고, 각각의 재료는 특성에 맞게 밑 준비한다.
2. 풋고추는 반으로 갈라 수저로 속을 제거하고 길이(5cm)로 자르고, 끓는 물에 살짝 데쳐 찬물에 담가 놓는다.
3. 양념에 들어갈 대파, 마늘은 곱게 다진다.
4. 두부는 겉면을 제거하고 면포로 수분을 제거한 다음 으깬다.
5. 소고기는 지방과 힘줄을 제거하고 곱게 다지고, 두부는 3 : 1 비율로 넣고, 양념하고 잘 치댄다.
   소금 양념 : 다진 소고기, 으깬 두부(3 : 1 비율), 다진 대파(⅓ts), 다진 마늘(⅓ts), 참기름(⅓ts), 소금(⅓ts), 깨소금(⅓ts), 검은 후춧가루(약간), 흰설탕(약간)
6. 풋고추 8개에 안쪽에 밀가루를 골고루 바르고, 고기 소를 평평하게 채운 풋고추는 밀가루를 고기 채운 면에만 바른다.
7. 달걀물은 풀어 놓고 식용유를 바른 팬에 약불로 꼭지 쪽부터 먼저 불에 올리고 꼬리쪽을 올린다.
8. 고추 아랫면을 눌러가며 충분히 익힌 다음 고추 윗면의 달걀물을 닦아 초록색을 살려 익힌다.
9. 풋고추전은 완성접시에 가지런히 담아 8개를 제출한다(완성사진 참고).

Tip
- 양념의 간은 소금으로 해야 물기가 생기지 않음
- 불을 끄고 고추 윗면을 가볍게 익혀줘야 풋고추의 변색을 막을 수 있음
- 팬에 떨어진 부스러기와 육즙을 닦아주고, 식용유 묻은 키친타월로 식용유를 소량씩 사용함
- 달걀물은 달걀의 황 · 백을 혼합하여 소금을 넣고 섞어 체에 내림

전처리

재료 분리(소고기 핏물 제거, 달걀), 데칠 물(+소금) 끓이기, 풋고추 씨 제거, 교차오염 주의

조리 순서

(냄비) 데칠 물(+소금) 끓이기 → (칼) 풋고추 배 가르고 씨 긁어내기(8조각) → (칼) 대파, 마늘 다지기 → 풋고추 데치고, 찬물에 담가 놓기

풋고추 안쪽에 [밀가루 ▶ 고기소 ▶ 달걀물] 바르기 ← (칼) 소고기 다지고, 고기소 만들기 ← (칼) 두부 으깨기

(팬) 풋고추 전 지지기 → 완성접시에 담기

표고전 | 시험 시간 20분

재료 및 분량

건표고버섯(지름 2.5~4cm 정도) 5개(부서지지 않은 것을 불려서 지급), 소고기(살코기) 30g, 두부 15g, 밀가루(중력분) 20g, 달걀 1개, 대파(흰 부분 4cm 정도) 1토막, 검은 후춧가루 1g, 참기름 5mL, 소금(정제염) 5g, 깨소금 5g, 마늘(중, 깐 것) 1쪽, 식용유 20mL, 진간장 5mL, 흰설탕 5g

주요재료

재료손질

요구사항

※ 주어진 재료를 사용하여 표고전을 만드시오.
❶ 표고버섯과 속은 각각 양념하여 사용하시오.
❷ 표고전은 5개를 제출하시오.

 Check point

표고 양념 : 진간장(1ts), 흰설탕(½ts), 참기름(½ts)
소금 양념 : 다진 소고기, 으깬 두부 (3 : 1 비율), 다진 대파(½ts), 다진 마늘(½ts), 참기름(½ts), 소금(⅓ts), 깨소금(⅓ts), 검은 후춧가루(약간)

만드는 방법

1. 각각의 재료는 특성에 맞게 밑 준비한다.
2. 고기소 양념에 들어갈 대파, 마늘을 곱게 다져주고, 두부는 겉면을 제거 후 면포에 물기를 제거하여 으깬다.
3. 불린 표고는 밑동을 떼고 수분을 면포에 눌러서 제거한 다음 표고 양념을 갓 안쪽에만 발라준다.
   표고 양념 : **진간장(1ts), 흰설탕(½ts)**
4. 소고기는 힘줄과 지방을 제거하고 살만 곱게 다진다.
5. **고기소는 다진 소고기와 으깬 두부의 비율은 3 : 1로 계량하고, 소금 양념하고 찰기가 생기도록 충분히 치댄다.**
   소금 양념 : **다진 소고기, 으깬 두부(3 : 1비율), 다진 대파(½ts), 다진 마늘(½ts), 참기름(½ts), 소금(⅓ts), 깨소금(⅓ts), 검은 후춧가루(약간)**
6. 양념한 표고 안쪽에 구석구석 밀가루를 바르고, 양념한 고기소를 표고 안쪽까지 채워 넣고 배가 평평하게 채운다.
7. 달걀은 황·백을 혼합하여 소금을 넣고 섞어 체에 내린다.
8. 고기소가 들어간 아래쪽만 밀가루 발라주고 키친타월에 식용유를 묻혀서 표고버섯 위쪽을 닦아낸다.
9. 아래쪽 면에 달걀물 묻혀 약한 불에서 눌러가며 충분히 익혀주고 육즙이 묻어난 팬은 키친타월로 닦으며 익힌다. 위쪽은 식용유를 두르고 충분히 익혀준다.
10. **완성된 표고전은 완성접시에 5개를 제출한다(완성사진 참고).**

Tip

- 불린 표고버섯에 양념이 많거나 수분을 잘 제거해야 고기소와 분리가 안 됨
- 양념의 간은 소금으로 해야 물기가 생기지 않음

전처리

재료 분리(소고기 핏물 제거, 달걀, 표고 충분히 불리기, 표고 밑동 제거, 두부), 재료 세척, 교차오염 주의

조리 순서

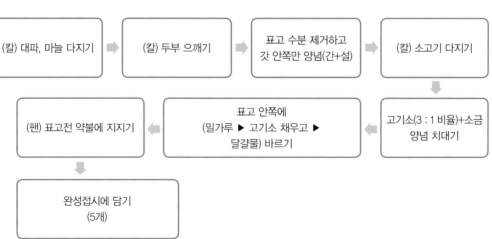

(칼) 대파, 마늘 다지기 ➡ (칼) 두부 으깨기 ➡ 표고 수분 제거하고 갓 안쪽만 양념(간+설) ➡ (칼) 소고기 다지기 ⬇

고기소(3 : 1 비율)+소금 양념 치대기 ⬅ 표고 안쪽에 (밀가루 ▶ 고기소 채우고 ▶ 달걀물) 바르기 ⬅ (팬) 표고전 약불에 지지기 ⬇

완성접시에 담기 (5개)

생선전 | 시험시간 **25분**

재료 및 분량

동태(400g 정도) 1마리, 밀가루(중력분) 30g, 달걀 1개, 소금(정제염) 10g, 흰 후춧가루 2g, 식용유 50mL

주요재료

재료손질

요구사항

※ 주어진 재료를 사용하여 생선전을 만드시오.

❶ 생선전은 0.5cm × 5cm × 4cm로 만드시오.

❷ 달걀은 흰자, 노른자를 혼합하여 사용하시오.

❸ 생선전은 8개 제출하시오.

✔ Check point

생선 밑간 : **소금(약간), 흰 후춧가루(약간)**

· 생선전의 크기는 0.5cm × 5cm × 4cm

만드는 방법

1. 동태는 비늘을 깨끗이 긁고, 지느러미를(0.2cm) 남기고 잘라내고 세척한다. 대가리는 날개 지느러미에서 바짝 자르고, 내장을 제거하고 세척한다. 이후 생선살은 3장 뜨기하고(큰 뼈와 뱃살 쪽 잔가시 제거), 생선껍질 부분이 바닥으로 향하게 도마 위에 올려 놓고 꼬리 쪽부터 칼을 넣어 껍질을 분리해 제거한다.
2. 생선살은 세척하고 면포에 감싸 수분을 눌러서 제거한다(강하게 누르면 살이 부서짐).
3. **껍질을 벗긴 생선살은 폭(4cm) 크기로 맞춰주고 요구사항보다 1cm 긴 길이(6cm)가 되게 잘라주고 비슷한 크기로 8장이 나오도록 0.5cm 두께로 포 뜬다.**
4. 포 뜬 생선살은 키친타월을 깔고 껍질 쪽에 밑간을 해야 완성 면이 깔끔하게 나온다.
   생선 밑간 : **소금(약간), 흰 후춧가루(약간)**
5. **수분이 제거된 생선살에 밀가루를 골고루 뿌리고, 달걀은 황 · 백을 혼합하여 소금을 넣고 섞어 체에 거른다**
6. 팬에 식용유를 두르고, 밀가루 바른 생선살을 달걀물에 적셔서 약불에서 익혀준다. 이때 생선 껍질 쪽이 위쪽으로 가도록 지진다.
7. **완성접시에 생선전 8개를 껍질 쪽이 바닥으로 향하게 하여 켜켜이 담아낸다.**

Tip

- 생선 손질 시 교차오염 (조리기구 세척, 조리대 싱크 볼 사용 후 바로 정리)
- 생선에 소금, 흰 후춧가루 밑간해야 생선살이 단단해지며 수분 제거가 쉽고 달걀옷이 벗겨지지 않음
- 생선전을 지질 때 팬에 식용유를 많이 넣어 강한 불로 지지면 표면이 거칠어짐

전처리

재료 분리(생선 세척 및 손질, 달걀), 교차오염 주의

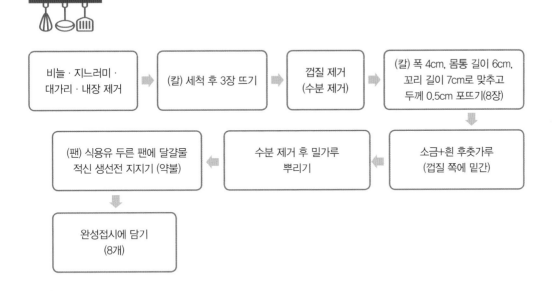

조리 순서

비늘 · 지느러미 · 대가리 · 내장 제거 → (칼) 세척 후 3장 뜨기 → 껍질 제거 (수분 제거) → (칼) 폭 4cm, 몸통 길이 6cm, 꼬리 길이 7cm로 맞추고 두께 0.5cm 포뜨기(8장)

소금+흰 후춧가루 (껍질 쪽에 밑간) ← 수분 제거 후 밀가루 뿌리기 ← (팬) 식용유 두른 팬에 달걀물 적신 생선전 지지기 (약불)

완성접시에 담기 (8개)

육원전 | 시험 시간 20분

재료 및 분량

소고기(살코기) 70g, 두부 30g, 밀가루(중력분) 20g, 달걀 1개, 대파(흰 부분 4cm 정도) 1토막, 검은 후춧가루 2g, 참기름 5mL, 소금(정제염) 5g, 마늘(중, 깐 것) 1쪽, 식용유 30mL, 깨소금 5g, 흰설탕 5g

주요재료

재료손질

요구사항

※ 주어진 재료를 사용하여 육원전을 만드시오.

❶ 육원전은 지름이 4cm, 두께 0.7cm 정도가 되도록 하시오.

❷ 달걀은 흰자, 노른자를 혼합하여 사용하시오.

❸ 육원전은 6개를 제출하시오.

✔ Check point

소금 양념 : 다진 대파(1ts), 다진 마늘(1ts), 소금(½ts), 참기름(1ts), 깨소금(½ts), 흰설탕(½ts), 검은 후춧가루(약간)

• 육원전은 직경이 4cm, 두께 0.7cm

만드는 방법

1. 고기소에 들어갈 대파, 마늘 곱게 다진다.
2. 두부는 면포에 물기를 제거하여 으깬다.
3. 소고기는 힘줄과 지방을 제거하고 살만 곱게 다진다.
4. 소고기와 두부의 비율은 3 : 1이며, 소금 양념한 후 찰기가 생기도록 치댄다.
   소금 양념 : 다진 대파(½ts), 마늘(⅓ts), 참기름(1ts), 흰설탕(1ts), 소금(½ts), 깨소금(½ts), 검은 후춧가루(약간)
5. 고기소는 6등분하고 지름 4.5cm, 두께 0.7cm로 모양을 잡아 옆면도 반듯하게 성형한다.
6. 완자에 밀가루를 골고루 뿌리고, 달걀물은 황·백을 혼합하여 소금을 넣고 섞어 체에 거른다.
7. 식용유 코팅한 팬에 약불로 달걀물에 적신 완자를 속까지 잘 익도록 앞뒤 옆면을 눌러주면서 완전히 익힌다.
8. 완성접시에 육원전 6개를 가지런히 담아 제출한다.

전처리

재료 분리(소고기 핏물 제거, 달걀) 재료 세척, 힘줄/지방 제거, 교차오염 주의

Tip

- 모든 재료는 곱게 다지고 수분을 제거한 후 반죽을 해야 질지 않고 치댔을 때 잘 뭉쳐져 찰기가 잘 생김
- 완자를 빚을 때 배 부분을 살짝 눌러 반죽해야 익었을 때 올라오는 것을 막을 수 있음
- 식용유의 양과 불 온도를 조절에 주의하고 불은 약불로 뭉근하게 오래 지져야 잘 익음
- 지지면서 팬에 기름과 찌꺼기를 닦아내며 익혀야 전의 색이 곱고 정갈한 전을 만들 수 있음

조리 순서

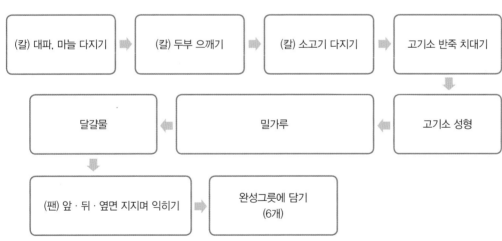

한식 생채 · 회조리

겨자채

도라지생채

무생채

더덕생채

육회

미나리강회

겨자채 | 시험 시간 **35분**

재료 및 분량

양배추(길이 5cm) 50g, 오이(가늘고 곧은 것, 20cm 정도) ⅓개, 당근(곧은 것, 길이 7cm 정도) 50g, 소고기(살코기, 길이 5cm) 50g, 밤(중, 생 것, 껍질 깐 것) 2개, 달걀 1개, 배(중, 길이로 등분) ⅛개(50g 정도 지급), 흰설탕 20g, 잣(깐 것) 5개, 소금(정제염) 5g, 식초 10mL, 진간장 5mL, 겨잣가루 6g, 식용유 10mL

주요재료

요구사항

※ 주어진 재료를 사용하여 겨자채를 만드시오.

❶ 채소, 편육, 황 · 백지단, 배는 0.3cm × 1cm × 4cm로 써시오.

❷ 밤은 모양대로 납작하게 써시오.

❸ 겨자는 발효시켜 매운맛이 나도록 하여 간을 맞춘 후 재료를 무쳐서 담고, 잣은 고명으로 올리시오

재료손질

✔ Check point

겨자 숙성 : **겨잣가루(1Ts), 미지근한 물(½Ts)**
겨자 양념 : **숙성 겨자, 흰설탕(2ts), 식초(2ts), 소금(½ts), 진간장(약간)**

• 채소, 편육, 황 · 백지단, 배는 0.3cm × 1cm × 4cm로 썰기

만드는 방법

1. 편육 삶을 물을 끓이고, 각각의 재료는 특성에 맞게 밑 준비한다.
2. **양배추, 오이(돌려 깎은 후), 당근은 길이(4cm) ▷ 폭(1cm) ▷ 두께(0.3cm) 골패모양(직사각형)으로 썰고 찬물에 담근다.**
3. 끓는 물에 편육을 삶고, 겨잣가루를 물에 갠 다음 편육 냄비 뚜껑 위에 5분 정도 두어 숙성한다.
   겨자 숙성 : **겨잣가루(1Ts), 미지근한 물(½Ts)**
4. **밤은 모양대로 편을 썰고, 배는 골패모양 길이(4cm) ▷ 폭(1cm) ▷ 두께(0.3cm)로 썰어 설탕물(+1ts)에 담가 놓는다.**
5. 달걀은 소금을 넣어 황·백지단을 요구사항보다 큰 길이 5cm로 두툼하게 부쳐서 부친다.
6. 잣은 세로 길이로 반을 자른 비늘잣으로 준비한다.
7. 담가 둔 채소는 체에 밭쳐 수분을 제거한다.
8. 숙성 겨자에 양념을 한다.
   겨자 양념 : **숙성 겨자, 흰설탕(2ts), 식초(2ts), 소금(½ts), 진간장(약간)**
9. **식힌 편육과 황·백지단은 길이(4cm) ▷ 폭(1cm) ▷ 두께(0.3cm)로 썬다.**
10. 수분을 충분히 제거한 채소를 넣고 버무리고, 찢어지지 않게 황·백지단을 넣어 가볍게 버무린다.
11. **제출하기 직전 겨자양념에 버무려서 완성접시에 담고, 밤 편 위에 비늘 잣을 올려 마무리한다.**

전처리

재료 분리(달걀, 소고기 핏물 제거, 잣은 젖지 않게 보관) 재료 세척(오이+소금), 껍질 제거, 물 끓이기, 교차오염 주의

Tip
- 숙성겨자가 마르기 전에 양념하고, 겨자채는 너무 되직하거나 묽지 않게 농도를 맞춰 준비함
- 양배추는 줄기가 두꺼우면 얇게 저며 사용하고 모든 재료들을 임의로 골랐을 때 크기가 일정해야 함
- 삶은 고기는 눌렀을 때 핏물이 안 나오면 익은 것이며, 익은 편육은 면포에 말아 반듯하게 모양을 잡아줌
- 겨자는 따뜻한 물(약 40℃)에 1 : 0.5 비율로 되직하게 개어 냄비뚜껑 위에 엎어 숙성해야 특유의 매운맛이 나고, 겨자의 쓴맛은 제거됨. 숙성 시간이 길수록 매운맛은 강해짐
- 제출 직전에 양념하면 오이의 변색을 막고, 채소에서 물이 덜 생김

조리 순서

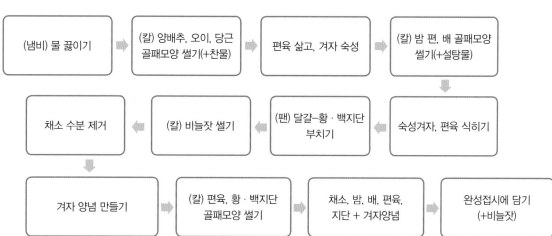

(냄비) 물 끓이기 ▶ (칼) 양배추, 오이, 당근 골패모양 썰기(+찬물) ▶ 편육 삶고, 겨자 숙성 ▶ (칼) 밤 편, 배 골패모양 썰기(+설탕물)

채소 수분 제거 ◀ (칼) 비늘잣 썰기 ◀ (팬) 달걀-황·백지단 부치기 ◀ 숙성겨자, 편육 식히기

겨자 양념 만들기 ▶ (칼) 편육, 황·백지단 골패모양 썰기 ▶ 채소, 밤, 배, 편육, 지단 + 겨자양념 ▶ 완성접시에 담기(+비늘잣)

도라지생채 | 시험 시간 **15분**

재료 및 분량

통도라지(껍질 있는 것) 3개, 소금(정제염) 5g, 고추장 20g, 흰설탕 10g, 식초 15mL, 대파(흰 부분 4cm 정도) 1토막,
마늘(중, 깐 것) 1쪽, 깨소금 5g, 고춧가루 10g

주요재료

재료손질

요구사항

※ 주어진 재료를 사용하여 도라지생채를 만드시오.
❶ 도라지는 0.3cm × 0.3cm × 6cm로 써시오.
❷ 생채는 고추장과 고춧가루 양념으로 무쳐 제출하시오.

✔ Check point

초고추장 : 다진 대파(1ts), 다진 마늘(½ts), 흰설탕(1Ts), 식초(1Ts), 고추장(1Ts),
고춧가루(½Ts), 깨소금(½ts)

· 도라지는 0.3cm × 0.3cm × 6cm 채
· 고추장과 고춧가루 양념

만드는 방법

1. 깐 도라지는 길이(6cm) ▷ 편(0.3cm) ▷ 채(0.3cm)로 썰어 소금물(+1Ts)에 절인다.
2. 초고추장 양념에 들어갈 대파와 마늘은 곱게 다진다.
   초고추장 : 다진 대파(1ts), 다진 마늘(½ts), 흰설탕(1Ts), 식초(1Ts), 고추장(1Ts), 고춧가루 (½Ts), 깨소금(½ts)
3. 절여진 도라지는 면포에 감싸서 주물러 가며 찬물에 헹구고, 수분을 제거한다.
4. 수분을 제거한 도라지에 초고추장 양념으로 무치고 완성그릇에 정갈하게 담아서 제출한다.

전처리

재료 분리, 껍질 제거, 세척, 도라지 썩은 유무 확인, 소금물(1Ts+물은 자박하게)에 절이기)

조리 순서

| (칼) 껍질 깐 도라지 채 썰기(+소금물) | ➡ | (칼) 대파, 마늘 다지기 (초고추장 양념장) | ➡ | 절인 도라지 헹구고 수분 완전히 제거 | ➡ | 초고추장에 버무리기 |

완성접시에 담기

Tip
- 더덕/도라지 요리는 메뉴와 상관없이 제일 먼저 손질해서 소금물에 담가 쓴맛을 제거함
- 도라지/더덕의 썩은 유무는 지급 받자마자 대가리(뇌두)부분을 잘라서 확인함
- 절임 상태는 도라지를 구겼을 때 부러지지 않으면 잘 절여진 것임
- 도라지생채는 식초를 사용하고, 참기름은 사용하지 않음

무생채 | 시험 시간 **15분**

재료 및 분량

무(길이 7cm 정도) 100g, 소금(정제염) 5g, 고춧가루 10g, 흰설탕 10g, 식초 5mL, 대파(흰 부분 4cm 정도) 1토막, 마늘(중, 깐 것) 1쪽, 깨소금 5g, 생강 5g

주요재료

요구사항

※ 주어진 재료를 사용하여 무생채를 만드시오.
❶ 무는 0.2cm × 0.2cm × 6cm 정도 크기로 썰어 사용하시오.
❷ 생채는 고춧가루를 사용하시오.
❸ 무생채는 70g 이상 제출하시오.

재료손질

✔ Check point

무채 양념 : 무채, 고운 고춧가루(⅓Ts) → 물들이기
무생채 양념 : 식초(1ts), 소금(⅓ts), 설탕(1ts) ▶ 다진 대파(1ts), 다진 마늘(½ts), 다진 생강(½ts), 깨소금(½ts)

• 무는 0.2cm × 0.2cm × 6cm 정도 크기로 썰어 사용

만드는 방법

1. 각각의 재료는 특성에 맞게 밑 준비한다.
2. **무는 줄기방향으로 길이(6cm) ▷ 편(0.2cm) ▷ 채(0.2cm) 썰고, 고춧가루(1ts)를 넣어 젓가락으로 버무린다.**
   무채 양념 : 무채, 고운 고춧가루(⅓Ts) → 물들이기(주황색 빛깔, 고춧가루로 양 가감하기)
3. **무생채 양념에 들어갈 대파, 마늘, 생강은 곱게 다져서 양념과 함께 제출 직전에 무채를 버무린다.**
   무생채 양념 : 식초(1ts), 소금(⅓ts), 흰설탕(1ts) ▶ 다진 대파(1ts), 다진 마늘(½ts), 다진 생강(½ts), 깨소금(½ts)
4. **완성접시에 전량(70g 이상) 제출한다.**

전처리

재료 분리, 껍질 제거, 세척, 굵은 고춧가루일 경우 다져서 체에 내리기

조리 순서

```
(칼) 무채썰기  ➡  고춧가루에 물들이기   ➡  (칼) 대파, 마늘, 생강  ➡  무생채 양념+무채
                    (주황색)                    다지기                 버무리기
                                                                         ⬇
                                                               완성접시에 담기
                                                                  (생기 있게)
```

> **Tip**
> - 굵은 고춧가루일 경우, 칼로 다진 후 체에 내려서 사용함
> - 손의 열기로 금방 숨이 죽고 수분이 많이 생김(젓가락 이용)
> - 무생채 완성 색은 주황색임
> - 무생채는 미리 양념에 무치면 물이 생기므로 내기 제출 직전에 무치며, 국물은 담지 않음
> - 무생채는 김치처럼 다진 생강을 사용해야하며, 참기름은 넣지 않음

더덕생채 | 시험 시간 20분

재료 및 분량

통더덕(껍질 있는 것, 길이 10~15cm 정도) 2개, 마늘(중, 간 것) 1쪽, 흰설탕 5g, 식초 5mL, 대파(흰 부분 4cm 정도) 1토막, 소금(정제염) 5g, 깨소금 5g, 고춧가루 20g

주요재료

요구사항

※ 주어진 재료를 사용하여 더덕생채를 만드시오.

❶ 더덕은 5cm로 썰어 두들겨 편 후 찢어서 쓴맛을 제거하여 사용하시오.

❷ 고춧가루로 양념하고, 전량 제출하시오.

재료손질

✔ Check point

고춧가루 양념 : 다진 대파(1ts), 다진 마늘(½ts), 고운 고춧가루(1Ts), 흰설탕(1ts), 식초(1ts), 소금(½ts), 깨소금(½ts)

• 더덕은 5cm로 썰어 두들겨 편 후 찢어서 소금물에 쓴맛을 제거한다.

만드는 방법

1. 껍질을 제거한 통더덕은 길이 5cm로 썰고, 반으로 쪼개 밀대로 가볍게 밀어서 미지근한 소금물(1Ts)에 절인다.
2. 고춧가루 양념에 들어갈 대파, 마늘을 곱게 다진다. 고춧가루가 굵을 경우 다져서 체 쳐서 사용한다.
   고춧가루 양념 : 다진 대파(1ts), 다진 마늘(½ts), 고운 고춧가루(1Ts), 흰설탕(1ts), 식초(1ts), 소금(½ts), 깨소금(½ts)
3. 절인 더덕이 잘 휘어지면, 밀대로 밀어 얇게 펴주고, 손이나 이쑤시개로 곱게(0.3cm) 찢어준다.
4. 면포에 감싼 더덕을 찬물에 주물러가며 충분히 헹궈서 쓴맛을 빼고, 수분을 꼭 짜서 제거한다.
5. 고춧가루 양념에 더덕 채가 뭉치지 않게 손으로 찢어가며 버무리고 양념도 떡지지 않게 무친다.
6. 완성접시는 작은 그릇을 사용하고, 고슬고슬하게 풀어서 전량 담아낸다.

전처리

재료 분리, 더덕 껍질 제거, 세척, 미지근한 소금물(1Ts)에 절임(자박하게)

Tip

- 더덕/도라지 요리는 메뉴와 상관없이 제일 먼저 손질해서 소금물에 담가 쓴맛을 제거함
- 더덕과 도라지는 대가리 (뇌두)를 제거하고 썩은 유무를 확인함
- 더덕이 크거나 절여지지 않을 경우에는 물을 끓여서 미지근한 소금물(1Ts+물은 자박하게)에 절임
- 더덕채로 찢을 때 잘 끊기므로 주의하며, 지급된 더덕의 모양에 따라 여유 있는 길이(+0.5cm)로 자름
- 더덕생채는 식초를 사용하고, 참기름은 사용하지 않음

조리 순서

```
(칼) 더덕 5cm 밀대로          (칼) 대파, 마늘 다지기        더덕 밀대로 밀어서          면포에 싸서 찬물에
밀어서 절이기(+소금물)   ➡   (고춧가루 양념장)      ➡   이쑤시개로(꼬치)      ➡   주물러 헹군 후
                                                    가늘게 찢기                 수분 제거
                                                                                    ⬇
      완성접시에 담기            고춧가루 양념에
      (고슬고슬하게)        ⬅   버무리기
```

육회 │ 시험 │ 20분

재료 및 분량

소고기(살코기) 90g, 배(중) ¼개(100g 정도 지급), 잣(깐 것) 5개, 소금(정제염) 5g, 마늘(중, 깐 것) 3쪽,
대파(흰 부분 4cm 정도) 2토막, 검은 후춧가루 2g, 참기름 10mL, 흰설탕 30g, 깨소금 5g

주요재료

재료손질

요구사항

※ 주어진 재료를 사용하여 육회를 만드시오.
❶ 소고기는 0.3cm × 0.3cm × 6cm로 썰어 소금 양념으로 하시오.
❷ 마늘은 편으로 썰어 장식하고 잣가루를 고명으로 얹으시오.
❸ 소고기는 손질하여 전량 사용하시오.

✔ Check point

1차 양념 : 설탕(1Ts), 참기름(2ts)
2차 양념 : 다진 마늘(1Ts), 다진 대파(2Ts), 깨소금(1ts), 소금(½ts), 검은 후춧가루(약간)

· 소고기는 0.3cm × 0.3cm × 6cm로 썰어 소금 양념(2차 양념)

만드는 방법

1. 각각의 재료는 특성에 맞게 밑 준비한다.
2. **육회의 소고기는 결 반대방향으로 길이(6cm) ▷ 편(0.3cm) ▷ 채(0.3cm) 순으로 썬다.**
3. 소고기 채는 1차 양념을 해 재워둔다(제출 전에 2차 양념).
   1차 양념 : **흰설탕(1Ts), 참기름(2ts)**
4. **마늘은 장식용은 편으로 썰고, 남은 마늘은 양념용으로 대파와 함께 다진다.**
   마늘 : 장식용 편 마늘, 양념용 다진 마늘
5. 씨를 제거한 배는 길이를 맞출 때는 위·아래를 잘라 가운데 부분을 길이(5cm)로 사용한다. 길이(5cm) ▷ 편(0.3cm) ▷ 채(0.3cm) 썰고 설탕물(1Ts)에 담가 변색을 막는다.
6. 잣은 키친타월에 기름을 뺀 다음 다져서 잣가루를 만든다.
7. 1차 양념한 소고기 채에 2차 양념을 만들어 버무린다(핏물 제거+키친타월).
   2차 양념 : **다진 마늘(1Ts), 다진 대파(2Ts), 깨소금(1ts), 소금(½ts), 검은 후춧가루 (약간)**
8. **수분을 제거한 배를 완성접시에 가장자리 면을 맞춰서 돌려 담고, 마늘 편을 위에 올려 자리를 잡는다(완성사진 참고).**
9. 육회는 전량 모양을 잡아 가지런하게 가운데에 올려 잣가루로 마무리한다.

전처리

재료 분리(소고기 핏물, 잣 고깔 제거, 배−설탕물), 껍질, 씨 제거 및 세척, 교차오염 주의

Tip

- 재료 분리하고, 조리기구 세척하여 교차오염 등의 위생 철저히 함
- 배는 설탕물에 담가 갈변 막고 (제출 직전에 장식하기), 소고기 채는 1차 양념으로 변색 방지함
- 최종 양념을 한 육회에서 핏물이 나올 경우, 키친타월을 깔아 핏물을 자연스럽게 제거함
- 상황에 따라 소고기(썰기)를 야채/과일 작업 이후에(채썰기+1차 양념+2차 양념) 한 번에 진행할 수도 있음

예 마늘 편 ▶ 자투리 마늘, 대파 다지기 ▶ 배 채썰기(+설탕물 1ts) ▶ 잣 다지기 ▶ 소고기 채썰기+1차 양념+2차 양념(조리기구 세척) ▶ 완성접시에 수분 제거한 배 채 장식(갈변주의) ▶ 마늘 편 장식 ▶ 육회는 모양 잡아서 올리기 ▶ 잣가루 올리기

조리 순서

(칼) 육회 결 반대 방향으로 채 썰고 1차 양념 (조리기구 세척) ➡ (칼) 마늘 편 ➡ (칼) 자투리 마늘, 대파 다지기 ➡ (칼) 배 채(+설탕물1ts)

완성접시에 담기 (배 ▶ 마늘편 ▶ 육회 ▶ 잣가루) ⬅ 2차 양념 ⬅ (칼) 잣 다지기

미나리강회 | 시험 시간 **35분**

재료 및 분량

소고기(살코기, 길이 7cm) 80g, 미나리(줄기 부분) 30g, 홍고추(생) 1개, 달걀 2개, 고추장 15g, 식초 5mL, 흰설탕 5g, 소금(정제염) 5g, 식용유 10mL

주요재료

재료손질

요구사항

※ 주어진 재료를 사용하여 미나리강회를 만드시오.

❶ 강회의 폭은 1.5cm, 길이는 5cm 정도로 하시오.
❷ 붉은 고추의 폭은 0.5cm, 길이는 4cm 정도로 하시오.
❸ 강회는 8개 만들어 초고추장과 함께 제출하시오.

✔ **Check point**

초고추장 양념 : **고추장(1ts), 식초(1ts), 설탕(1ts)**

• 강회의 폭은 1.5cm, 길이는 5cm 정도로 하시오.
• 붉은 고추의 폭은 0.5cm, 길이는 4cm 정도로 하시오.
• 강회는 8개 만들어 초고추장과 함께 제출하시오.

만드는 방법

1. 미나리와 소고기 삶을 물(+소금) 끓이고, 각각의 재료는 특성에 맞게 밑 준비한다.
2. **홍고추는 반으로 갈라 심지와 씨앗을 긁고 길이(4cm) ▷ 폭(0.5cm)으로 채 썰어 키친타월 위에 올린다.**
3. 미나리는 끓는 소금물에 15초가량 데친 다음 바로 찬물에 식히고, 소고기를 넣어 삶아 익힌다.
4. 데친 미나리는 물기를 제거하고 두께 0.3~0.5cm로 손으로 최대한 길게 두 갈래로 갈라서 준비한다.
5. **달걀지단은 황·백으로 나누어(+소금) 부치고 식힌 지단은 길이(5cm) ▷ 폭(1.5cm)로 썰어 8조각 이상 만든다.**
6. **삶은 소고기는 건져서 모양이 뒤틀리지 않게 면포에 싸서 식힌 다음 길이(5cm) ▷ 폭(1.5cm)로 8조각 이상 만든다.**
7. **편육 ▷ 백지단 ▷ 황지단 ▷ 홍고추 순으로 8개를 위치를 잡아 놓는다.**
8. 미나리가 풀리지 않고 겹치지 않게 감싸는데 ⅔ 정도 감기도록 하고 끄트머리는 잘라서 젓가락으로 안쪽에 끼워 넣는다.
9. 초고추장 양념은 1:1:1 비율로 만들어 제출용 완성종지에 담아 놓는다.
   초고추장 양념 : 고추장(1ts), 식초(1ts), 흰설탕(1ts)
10. 완성접시에 미나리강회 8개를 배열하여 균형을 맞추고, 초고추장과 함께 제출한다(완성사진 참고).

전처리

재료 분리(달걀, 소고기 핏물 제거), 물(+소금) 끓이기, 세척, 미나리 잔뿌리 잎 제거, 홍고추 긁어서 씨 제거

Tip

- 초고추장, 초간장, 겨자장의 양념은 1:1:1이므로 주제만 바꿔서 만듦
- 1:1:1의 비율의 양은 재료지급목록을 보면 고추장은 15g이며, 식초와 흰설탕은 5g씩이므로 소량의 재료 기준에 맞추며, 재료가 중복 사용될 경우를 고려함
- 미나리강회의 주재료는 미나리이므로 강회의 ⅔ 정도를 겹치지 않게 감음
- 미나리는 두 갈래로 찢어서 감아야 모양이 반듯함
- 달걀흰자를 면포에 감싸서 짜주면 쉽게 풀어지며, 이물질 또한 제거가 됨

조리 순서

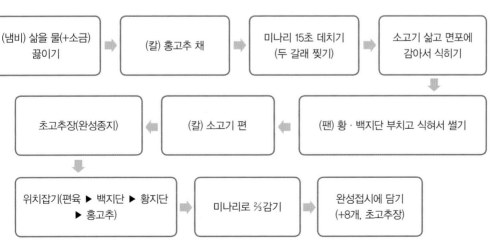

한식 조림 · 초조리

세 번 째 한 식

두부조림

홍합초

두부조림 | 시험시간 25분

재료 및 분량

두부 200g, 대파(흰 부분 4cm 정도) 1토막, 실고추 1g(길이 10cm, 1~2줄기), 검은 후춧가루 1g, 참기름 5mL, 소금(정제염) 5g, 마늘(중, 간 것) 1쪽, 식용유 30mL, 진간장 15mL, 깨소금 5g, 흰설탕 5g

주요재료

재료손질

요구사항

※ 주어진 재료를 사용하여 두부조림을 만드시오.

❶ 두부는 0.8cm × 3cm × 4.5cm로 써시오.

❷ 8쪽을 제출하고, 촉촉하게 보이도록 국물을 약간 끼얹어 내시오.

❸ 실고추와 파채를 고명으로 얹으시오.

✔ Check point

간장양념 : 물(½cup), 다진 대파(1ts), 다진 마늘(½ts), 진간장(1Ts), 설탕(1ts), 참기름(1ts), 깨소금(½ts), 검은 후춧가루(약간)

• 두부 크기 : 0.8cm × 3cm × 4.5cm

만드는 방법

1. 두부는 겉면을 최대한 얇게 제거하고 세로(4.5cm) ▷ 가로(3cm) ▷ 두께(0.8cm)로 8등분 썰어 소금을 뿌린 뒤 마른 면포로 물기를 제거한다.
2. 실고추는 길이 2∼3cm가며, 대파는 고명용과 양념으로 나눠 사용한다(젖지 않게 주의). 대파 채는 길이 2∼3cm로 채를 치고, 남은 대파와 마늘은 곱게 다져서 간장양념을 만든다.
   간장양념 : 물(½cup), 다진 대파(1ts), 다진 마늘(½ts), 진간장(1Ts), 흰설탕(1ts), 참기름(1ts), 깨소금(½ts), 검은 후춧가루(약간)
3. 식용유를 두른 팬에 수분을 제거한 두부는 강한 불로 전체적으로 노릇한 색이 나도록 앞뒤로 지진다.
4. 냄비에 지져낸 두부를 넣고 간장양념을 넣고, 약불에서 천천히 조린다.
5. 냄비에 국물이 자작해지면 대파 채와 실고추를 가지런히 얹고 국물을 끼얹어 조린다. 국물은 (1∼2Ts) 정도 남으면 뚜껑을 덮고 잠시 뜸을 들인다.
6. 완성그릇에 담기 직전에 **두부 8쪽을 담고**, 국물을 끼얹어 담아낸다.

Tip

- 두부를 식용유에 지질 때, 강한 불로 지져야 물이 생기지 않고 단단해짐. 단, 두부의 질감은 부드러워 보여야 함
- 전체적으로 노릇한 색이 나도록 지져야 조림을 했을 때 색이 균일함
- 예쁘게 지져진 면을 위로 향하게 해서 조림

전처리

재료 분리(건 실고추) 두부 수분 제거(면포/키친타월), 채소 세척

조리 순서

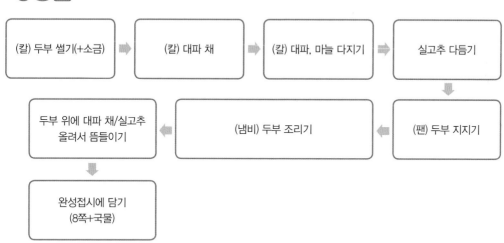

(칼) 두부 썰기(+소금) ➡ (칼) 대파 채 ➡ (칼) 대파, 마늘 다지기 ➡ 실고추 다듬기

두부 위에 대파 채/실고추 올려서 뜸들이기 ⬅ (냄비) 두부 조리기 ⬅ (팬) 두부 지지기

완성접시에 담기 (8쪽+국물)

홍합초 | 시험
시간 20분

재료 및 분량

생홍합 100g(굵고 싱싱한 것, 껍질 벗긴 것으로 지급), 대파(흰 부분 4cm 정도) 1토막, 검은 후춧가루 2g, 참기름 5mL, 마늘(중, 깐 것) 2쪽, 진간장 40mL, 생강 15g, 흰설탕 10g, 잣(깐 것) 5개, A4용지 1장

주요재료

재료손질

요구사항

※ 주어진 재료를 사용하여 홍합초를 만드시오.
❶ 마늘과 생강은 편으로, 파는 2cm로 써시오.
❷ 홍합은 전량 사용하고, 촉촉하게 보이도록 국물을 끼얹어 제출하시오.
❸ 잣가루를 고명으로 얹으시오.

✔ Check point

초 양념 : 물(3Ts), 간장(2Ts), 흰설탕(1 ½Ts), 검은 후춧가루(약간)

· 마늘과 생강은 편으로, 파는 2cm 길이

만드는 방법

1. 홍합 데칠 물을 끓이고, 각각의 재료는 특성에 맞게 밑 준비한다.
2. **부재료인 마늘과 생강은 편 썰고, 대파는 길이(2cm)로 토막 낸다.**
3. 홍합 살은 껍질과 족사(잔털)를 제거하고 깨끗하게 헹군 다음 15~20초 데쳐내고 찬물에 식힌다.
4. 초 양념을 냄비에 준비한 후 강불에서 조린다.
   초 양념 : **물(3Ts), 간장(2Ts), 흰설탕(1 ½Ts), 검은 후춧가루(약간)**
5. 조리는 동안 잣의 고깔을 제거하고 A4 종이에서 기름을 뺀 다음 다져서 잣가루를 만든다.
6. 윤기나는 초 양념이 절반 정도 졸아들면 편마늘 ▷ 편생강 ▷ 데친 홍합 ▷ 대파 순으로 넣고 윤기나게 잘 조린다.
7. 초 양념이 1Ts 정도 남았을 때 불을 끄고 참기름(⅓ts)을 넣고 버무린다.
8. **완성접시에 마늘과 생강을 가지런히 담고, 홍합을 전량 올린다. 남은 양념을 끼얹고, 잣가루를 올려준다.**

전처리

재료 분리(홍합), 홍합 데칠 물 끓이기, 홍합 족사(잔털) 제거, 세척 껍질 제거, 교차오염 주의

Tip
- 초(炒)는 재료를 장물에 조려 윤기가 나게 만드는 조리법임. 홍합초의 주재료는 홍합이며, 조림장 재료는 간장·설탕·파·마늘·잣·녹말·생강·후춧가루·참기름이 필요함
- **볶을 때 불이 약하면 홍합에서 물이 나오고 오래 볶으면 홍합이 질겨짐**
- 굴/생홍합은 소금물에 흔들어 씻고, 피홍합이나 생홍합은 끓는 물에 데친 후 잔털제거가 훨씬 수월함
- 홍합을 데칠 때는 살짝 데쳐야 홍합살이 부드러워짐

조리 순서

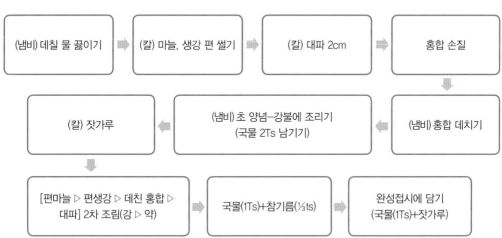

(냄비) 데칠 물 끓이기 ➡ (칼) 마늘, 생강 편 썰기 ➡ (칼) 대파 2cm ➡ 홍합 손질

(칼) 잣가루 ⬅ (냄비) 초 양념–강불에 조리기 (국물 2Ts 남기기) ⬅ (냄비) 홍합 데치기

[편마늘 ▷ 편생강 ▷ 데친 홍합 ▷ 대파] 2차 조림(강 ▷ 약) ➡ 국물(1Ts)+참기름(⅓ts) ➡ 완성접시에 담기 (국물(1Ts)+잣가루)

한식 숙채조리

탕평채

잡채

칠절판

탕평채 | 시험시간 **35분**

재료 및 분량

청포묵(중, 길이 6cm) 150g, 소고기(살코기, 길이 5cm) 20g, 숙주(생 것) 20g, 미나리(줄기 부분) 10g, 달걀 1개, 김 ¼장,
진간장 20mL, 마늘(중, 깐 것) 2쪽, 대파(흰 부분 4cm 정도) 1토막, 검은 후춧가루 1g, 참기름 5mL, 흰설탕 5g, 깨소금 5g,
식초 5mL, 소금(정제염) 5g, 식용유 10mL

주요재료

재료손질

요구사항

※ 주어진 재료를 사용하여 탕평채를 만드시오.

❶ 청포묵은 0.4cm × 0.4cm × 6cm로 썰어 데쳐서 사용하시오.

❷ 모든 부재료의 길이는 4~5cm로 써시오.

❸ 소고기, 미나리, 거두절미한 숙주는 각각 조리하여 청포묵과 함께 초간장으로 무쳐 담아내시오.

❹ 황 · 백지단은 4cm 길이로 채 썰고, 김은 구워 부셔서 고명으로 얹으시오.

✔ Check point

청포묵-숙주 밑간 양념 : 소금(⅓ts), 참기름(⅓ts)
소고기 간장양념 : 다진 대파(1ts), 다진 마늘(½ts), 간장(1ts), 흰설탕(½ts), 깨소금(약간), 참기름(⅓ts), 후춧가루(약간)
초간장 : 식초(1ts), 간장(1ts), 설탕(1ts)

• 청포묵은 0.4cm × 0.4cm × 6cm로 썰어 데쳐서 사용
• 모든 부재료의 길이는 4~5cm로 썰기
• 황 · 백지단은 4cm 길이로 채 썰고, 김은 구워 부셔서 고명으로 얹기

만드는 방법

1. 청포묵, 미나리, 숙주 데칠 물(+소금) 끓이고, 각각의 재료는 특성에 맞게 밑 준비한다.
2. 간장 양념용 대파, 마늘 곱게 다지기
3. **청포묵은 겉면은 제거하고 길이(6cm) ▷ 폭(0.4cm) ▷ 채(0.4cm)로 채 썬다.**
4. **숙주는 가지런하게 모아서 길이 5cm로 맞추어 칼로 대가리와 꼬리 잘라서 제거한다(거두절미).**
5. **미나리 길이(5cm)로 썬다.**
6. 숙주, 미나리, 청포묵(투명해지면)은 각각 15초 정도 데쳐준 후 찬물에 식혀 수분을 제거하고, 밑간한다.
   청포묵–숙주 밑간 양념 : 소금(⅛ts), 참기름(⅛ts)
7. 달걀지단은 황 · 백으로 나누어(+소금) 알끈과 거품 제거한 다음 부치고 식힌다.
8. **소고기는 길이(5cm) 두께(0.3cm)로 길게 포를 떠서 채 썬 후 소고기 간장양념 한다.**
   소고기 간장양념 : 다진 대파(1ts), 다진 마늘(½ts), 진간장(1ts), 흰설탕(½ts), 깨소금(약간), 참기름(⅓ts), 후춧가루(약간)
9. **달걀지단을 길이(4cm)로 채 썬다.**
10. 김은 식용유 없이 바삭하게 구워서 부순 다음 양념한 소고기는 식용유를 조금 두르고 볶아 준다.
11. 초간장을 만들어 고명용 황 · 백지단과 김을 제외하고, 모든 재료를 제출 직전에 초간장에 버무린다.
    초간장 : 식초(1ts), 진간장(1ts), 흰설탕(1ts)
12. 완성접시에 소복하게 담고, 부순 김을 올리고 그 위에 황 · 백지단을 올려 고명으로 마무리한다.

전처리

재료분리(소고기 핏물 제거, 달걀, 마른 김), (청포묵 채, 거두절미 숙주, 미나리) 데칠 물(+소금) 끓이기, 재료 다듬고 세척, 교차오염 주의

조리 순서

(냄비) 데칠 물(+소금) 끓이기 ▶ (칼) 소고기 간장양념용 대파, 마늘 다지기 ▶ (칼) 청포묵 채 ▶ 숙주 거두절미

(숙주, 청포묵(+소,참) 밑간 ◀ (냄비) 데치기(숙주 ▶ 미나리 ▶ 청포묵) 찬물 ▶ 수분 제거 ◀ (칼) 미나리 썰기

(팬) 황 · 백지단 부치기 ▶ (칼) 소고기 채 (+간장양념장) ▶ (칼) 황 · 백지단 썰기 ▶ (팬) 마른 팬에 마른 김 굽고 부수기

완성접시에 담기 (+부순 김 위 ▶ 황 · 백지단) ◀ 초간장 ▶ 재료 버무리기 (고명 제외) ◀ (팬) 소고기 채 볶기

잡채 | 시험 35분

재료 및 분량

당면 20g, 소고기(살코기, 길이 7cm) 30g, 건표고버섯(물에 불린 것, 지름 5cm 정도) 1개(부서지지 않은 것), 건목이버섯(물에 불린 것, 지름 5cm 정도) 2개, 양파(중, 150g 정도) ⅓개, 오이(가늘고 곧은 것, 20cm 정도) ⅓개, 당근(곧은 것, 길이 7cm 정도) 50g, 통도라지(껍질 있는 것, 길이 20cm 정도) 1개, 숙주(생 것) 20g, 흰설탕 10g, 대파(흰 부분 4cm 정도) 1토막, 마늘(중, 깐 것) 2쪽, 진간장 20mL, 식용유 50mL, 깨소금 5g, 검은 후춧가루 1g, 참기름 5mL, 소금(정제염) 15g, 달걀 1개

주요재료

재료손질

요구사항

※ 주어진 재료를 사용하여 잡채를 만드시오.

❶ 소고기, 양파, 오이, 당근, 도라지, 표고버섯은 0.3cm × 0.3cm × 6cm 정도로 썰어 사용하시오.

❷ 숙주는 데치고 목이버섯은 찢어서 사용하시오.

❸ 당면은 삶아서 유장처리하여 볶으시오.

❹ 황 · 백지단은 0.2cm × 0.2cm × 4cm로 썰어 고명으로 얹으시오

✔ Check point

소고기+표고버섯 간장 양념 : 진간장(1Ts), 흰설탕(½Ts), 참기름(약간), 다진 대파(1ts), 다진 마늘(½ts), 깨소금(½ts), 검은 후춧가루(약간)

당면 유장 양념 : 진간장(1Ts), 흰설탕(½Ts), 참기름(½Ts)

목이버섯, 숙주 밑간 : 소금(1ts), 참기름(1ts)

· 소고기, 양파, 오이, 당근, 도라지, 표고버섯은 0.3cm × 0.3cm × 6cm 채

· 황 · 백지단 고명은 0.2cm × 0.2cm × 4cm 채

만드는 방법

1. 숙주, 당면 데칠 물(+소금)을 끓이고, 목이버섯 · 표고버섯 · 당면을 불리면서 각각의 재료는 특성에 맞게 밑 준비한다.
2. 간장 양념용 대파, 마늘은 곱게 다진다.
3. 양파는 길이 6cm가며, 0.3cm로 채 썬다.
4. 손질한 통도라지(소금물), 오이(돌려깎기-소금), 당근(소금)은 길이(6cm) ▷ 편(0.3cm) ▷ 채(0.3cm)로 썰어서 절인다.
5. 불린 표고는 포 떠서 길이(6cm) ▷ 채(0.3cm) 썰고, 소고기는 길이(6cm) ▷ 편(0.3cm) ▷ 채(0.3cm)로 썰어 각각 간장양념을 한다.
   소고기+표고버섯 간장 양념 : 다진 대파(1ts), 다진 마늘(½ts), 진간장(1Ts), 흰설탕(½Ts), 깨소금(½ts), 참기름(약간), 검은 후춧가루(약간)
6. 불린 목이버섯은 손으로 뜯어 놓고, 거두절미한 숙주 10초간 데치고 찬물에 식히고 수분을 짠다. 밑간은 당면 삶는 동안 한다.
7. 당면은 약 1분간 삶아서 익혀서 찬물에 헹궈 식힌 후 물기를 제거하고, 10cm 길이로 자른 다음 유장양념 한다.
   당면 유장 양념 : 진간장(1Ts), 흰설탕(½Ts), 참기름(½Ts)
   목이버섯, 숙주 밑간 : 소금(약간), 참기름(약간)
8. 달걀지단은 황 · 백으로 나누어(+소금) 알끈과 거품 제거한 다음 부치고, 길이(4cm) ▷ 채(0.2cm)로 썬다.
9. 절인 도라지는 면포에 싸서 물에 헹군 후 물기를 닦고, 오이와 당근은 키친타월을 이용해서 수분을 제거한다.
10. 팬에 식용유를 약간 두르고 볶음을 한 다음 펼쳐서 충분히 식혀준다.
    볶기 : 양파(+소금) ▷ 도라지 ▷ 오이 ▷ 당근 ▷ 목이버섯 ▷ 표고버섯 ▷ 소고기 ▷ 당면
11. 고명(황 · 백지단)을 빼고, 숙주와 볶음 재료를 넣고, 섞어준다.
12. 완성접시에 재료를 담는데 목이버섯은 위에 3개 정도만 빼고 나머지는 안쪽에 깔아서 담는다. 맨 위에 고명인 황 · 백지단을 가지런히 올린다.

전처리

재료 분리(소고기 핏물, 달걀), 데칠 물(+소금) 끓이기, 당면 · 목이버섯 · 표고버섯 불리기, 도라지 · 당근 껍질 제거, 숙주 거두절미, 오이 소금으로 문질러 세척, 교차오염 주의

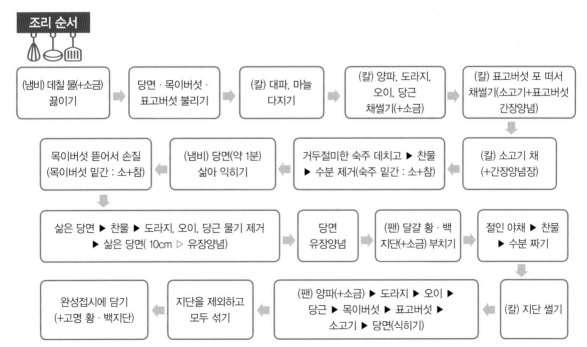

조리 순서

(냄비) 데칠 물(+소금) 끓이기 ➡ 당면 · 목이버섯 · 표고버섯 불리기 ➡ (칼) 대파, 마늘 다지기 ➡ (칼) 양파, 도라지, 오이, 당근 채썰기(+소금) ➡ (칼) 표고버섯 포 떠서 채썰기(소고기+표고버섯 간장양념)

목이버섯 뜯어서 손질 (목이버섯 밑간 : 소+참) ⬅ (냄비) 당면(약 1분) 삶아 익히기 ⬅ 거두절미한 숙주 데치고 ▶ 찬물 ▶ 수분 제거(숙주 밑간 : 소+참) ⬅ (칼) 소고기 채 (+간장양념장)

삶은 당면 ▶ 찬물 ▶ 도라지, 오이, 당근 물기 제거 ▶ 삶은 당면(10cm ▷ 유장양념) ➡ 당면 유장양념 ➡ (팬) 달걀 황 · 백 지단(+소금) 부치기 ➡ 절인 야채 ▶ 찬물 ▶ 수분 짜기

완성접시에 담기 (+고명 황 · 백지단) ⬅ 지단을 제외하고 모두 섞기 ⬅ (팬) 양파(+소금) ▶ 도라지 ▶ 오이 ▶ 당근 ▶ 목이버섯 ▶ 표고버섯 ▶ 소고기 ▶ 당면(식히기) ⬅ (칼) 지단 썰기

칠절판 | 시험시간 **40분**

재료 및 분량

소고기(살코기, 길이 6cm) 50g, 오이(가늘고 곧은 것, 20cm 정도) ½개, 당근(곧은 것, 길이 7cm 정도) 50g, 달걀 1개,
석이버섯(부서지지 않은 것, 마른 것) 5g, 밀가루(중력분) 50g, 진간장 20mL, 마늘(중, 깐 것) 2쪽, 대파(흰 부분 4cm 정도) 1토막,
검은 후춧가루 1g, 참기름 10mL, 흰설탕 10g, 깨소금 5g, 식용유 30mL, 소금(정제염) 10g

주요재료

재료손질

요구사항

※ 주어진 재료를 사용하여 칠절판을 만드시오.

❶ 밀전병은 직경 8cm 되도록 6개를 만드시오.

❷ 채소와 황 · 백지단, 소고기는 0.2cm × 0.2cm × 5cm 정도로 써시오.

❸ 석이버섯은 곱게 채를 써시오.

✔ Check point

소고기 간장양념 : 다진 대파(1ts), 다진 마늘(½ts), 진간장(1Ts), 흰설탕(½Ts),
참기름(½ts), 깨소금(½ts), 검은 후춧가루(약간)

밀전병 반죽 : 체 친 밀가루(5Ts), 물(5Ts), 소금 약간 ▶ 체에 거르기

• 밀전병의 직경은 8cm, 6개
• 채소와 황 · 백지단, 소고기는 0.2cm × 0.2cm × 5cm 채

만드는 방법

1. 석이버섯 물에 불리고, 각각의 재료는 특성에 맞게 밑 준비한다.
2. 소고기 양념에 쓰이는 대파, 마늘 곱게 다진다.
3. 오이(돌려 깎기), 당근은 길이(5cm) ▷ 두께(0.2cm) ▷ 채(0.2cm)로 썰고, 각각 소금에 절인다.
4. 불린 석이버섯은 물에 깨끗하게 세척하고, 면포에 물기를 제거한 후, 말아서 곱게 채 썬 다음 소금+참기름으로 밑간한다.
5. 달걀지단은 황 · 백으로 나누어(+소금) 알끈과 거품 제거한 다음 황 · 백지단을 부쳐서 식힌다.
6. 소고기는 길이(5cm) 두께(0.2cm) ▷ 채(0.2cm)로 채 썰고, 소고기 간장양념한다.
   소고기 간장양념 : 다진 대파(1ts), 다진 마늘(½ts), 진간장(1Ts), 흰설탕(½Ts), 참기름(½ts), 깨소금(½ts), 검은 후춧가루(약간)
7. 소금에 절인 오이, 당근을 키친타월에 수분을 제거한다.
8. 밀전병 반죽을 만든다(체 친 밀가루는 물과 1:1 비율이며, 반죽 농도, 밀전병 개수 중요).
   밀전병 반죽 : 체 친 밀가루(5Ts), 물(5Ts), 소금 약간 ▷ 체에 거르기
9. 불은 약불로 식용유 코팅한 다음 밀전병 반죽을 1Ts의 양으로 지름(8cm)되도록 일정하게 만들고 식힌다(6장 이상).
10. 달궈진 팬에 식용유 두르고 깨끗한 재료 순으로 볶는다.
    볶기 : 오이 ▷ 당근 ▷ 석이버섯 ▷ 소고기 채
11. 황 · 백지단은 길이(5cm)로 맞춰서 돌돌 말아서 채 썬다.
12. 완성접시에 밀전병 6개를 가운데에 놓고 사방으로 색을 맞춰 비슷한 양으로 담아 칠절판을 완성한다.

전처리

재료 분리(달걀, 소고기 핏물 제거) 석이버섯 불리고 세척, 채소는 세척 껍질 제거, 밀가루 체치기, 교차오염 주의

조리 순서

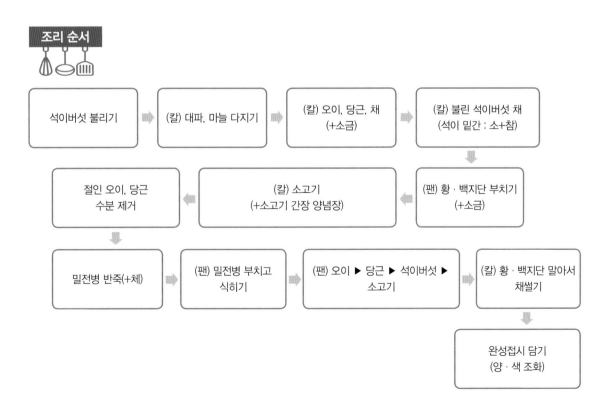

세 번째 한식 · 한식조리기능사 실기 · 157

한식 볶음조리

오징어볶음

오징어볶음 | 시험 시간 30분

재료 및 분량

물오징어(250g 정도) 1마리, 소금(정제염) 5g, 진간장 10mL, 흰설탕 20g, 참기름 10mL, 깨소금 5g, 풋고추(길이 5cm 이상) 1개, 홍고추(생) 1개, 양파(중, 150g 정도) ⅓개, 마늘(중, 깐 것) 2쪽, 대파(흰 부분 4cm 정도) 1토막, 생강 5g, 고춧가루 15g, 고추장 50g, 검은 후춧가루 2g, 식용유 30mL

주요재료

요구사항

※ 주어진 재료를 사용하여 오징어볶음을 만드시오.

❶ 오징어는 0.3cm 폭으로 어슷하게 칼집을 넣고, 크기는 4cm × 1.5cm 정도로 써시오(단, 오징어 다리는 4cm 길이로 자른다).

❷ 고추, 파는 어슷썰기, 양파는 폭 1cm로 써시오.

재료손질

✔ Check point

오징어 고추장 양념 : **다진 마늘(2ts), 다진 생강(1ts), 고추장(2Ts), 고춧가루(1Ts), 흰설탕(1Ts), 진간장(1ts), 깨소금(1ts), 참기름(½ts), 검은 후춧가루(약간)**

• 오징어 칼집은 대각선 방향으로 일정한 간격 0.3cm로 어슷하게 칼집(#)낸 후, 몸통 크기는 가로 4cm × 세로 1.5cm, 다리 길이 4cm

• 고추, 대파는 어슷썰기, 양파는 폭 1cm

만드는 방법

1. 각각의 재료는 특성에 맞게 밑 준비한다.
2. 양념에 들어갈 마늘과 생강은 곱게 다져서 사용하고, **양파는 길이(4cm) ▷ 폭(1cm)으로 썬다.**
3. 대파, 청·홍고추는 두께 0.5cm로 어슷썰고 물에 담가 씨를 털어낸다.
4. 오징어는 내장이 터지지 않게 제거하며, 귀는 모양을 살려 몸통과 분리하고, 다리는 분리되도록 대가리를 제거한다. 껍질과 뼈를 제거한 귀, 몸통, 다리는 소금으로 세척한다.
5. 다리는 길이(4cm)로 자르고, 몸통은 내장 쪽 면을 대각선 방향으로 (0.3cm) 폭으로 어슷하게 칼집(#, ½깊이로 일정하게)을 낸 다음 몸통은 위·아래 방향을 확인 후 몸통의 가로방향으로 길이(4cm)를 맞추고 높이(1.5cm)로 썬다.
6. 오징어 고추장 양념장을 만든다.
   오징어 고추장 양념 : 다진 마늘(2ts), 다진 생강(1ts), 고추장(2Ts), 고춧가루(1Ts), 흰설탕(1Ts), 진간장(1ts), 깨소금(1ts), 참기름(½ts), 검은 후춧가루(약간)
7. 달군 팬에 식용유를 두르고 양파, 청·홍고추를 볶다가 오징어를 넣어 말리기 시작하면 양념장을 넣는다. 오징어가 거의 다 익었을 때 대파를 넣어 조금 더 볶은 후 참기름(½ts)으로 마무리 한다.
8. 완성접시에 오징어 볶음을 정갈하게 담는다.

Tip

- 대파는 반드시 청·홍고추와 같이 볶아서 냄
- 고온에서 짧은 시간 내에 볶아야 물이 생기지 않음
- 식용유 양이 많으면 분리되므로 1ts 정도 넣음
- 오징어는 볶아서 익히고, 완성그릇에 물기가 생기면 안 됨
- 식용유를 두른 달궈진 팬에 청·홍고추를 먼저 볶으면 매콤한 향을 살릴 수 있음(강불로 오래 볶으면 고추의 색이 변색되므로 주의)

전처리

재료 분리(재료 세척, 오징어) 오징어 손질(먹물, 껍질, 뼈, 대가리 제거), 청·홍고추 어슷썬 후 물에 씨앗 털기, 교차오염 주의

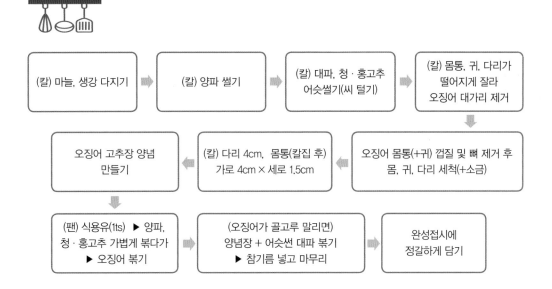

조리 순서

(칼) 마늘, 생강 다지기 → (칼) 양파 썰기 → (칼) 대파, 청·홍고추 어슷썰기(씨 털기) → (칼) 몸통, 귀, 다리가 떨어지게 잘라 오징어 대가리 제거

↓

오징어 고추장 양념 만들기 ← (칼) 다리 4cm, 몸통(칼집 후) 가로 4cm × 세로 1.5cm ← 오징어 몸통(+귀) 껍질 및 뼈 제거 후 몸, 귀, 다리 세척(+소금)

↓

(팬) 식용유(1ts) ▶ 양파, 청·홍고추 가볍게 볶다가 ▶ 오징어 볶기 → (오징어가 골고루 말리면) 양념장 + 어슷썬 대파 볶기 ▶ 참기름 넣고 마무리 → 완성접시에 정갈하게 담기

네번째한식

호텔한식 실전요리

육회

육회는 불에 익히지 않고 소고기를 곱게 채 썰어 배와 함께 갖은
양념에 버무려서 날로 먹는 음식으로 중국이나 일본과는 달리 우
리나라에서 발달한 음식이다. 기름기가 없는 소고기의 우둔이나
홍두깨 살코기를 많이 사용한다.

재료 및 분량

- **주재료** : 소고기(살코기) 100g, 배 ¼개, 깻잎 1장, 오렌지 ¼개, 키위 ½개, 소금 약간, 검은 후춧가루 약간, 참기름 약간, 백설탕 약간, 깨소금 약간
- **양념장(소고기 1kg 기준)** : 소고기 1kg, 백설탕 190g, 꽃소금 15g, 검은 후춧가루 3g, 깨소금 10g, 참기름 50g

만드는 방법

1. 소고기는 핏물을 제거하고 0.3cm × 6cm로 가늘게 채 썰어 준비한다.

2. 배는 먹기 좋은 크기로 채 썰어 준비하고 손질하고 남은 자투리 배는 일부 강판에 갈거나 손으로 짜서 배즙을 낸다.

3. 깻잎은 씻어서 물기를 제거하고 세로로 3등분 한 후 겹쳐서 아주 곱게 채 썰어 준비한다.

4. 채 썬 소고기 살코기에 설탕을 넣고 버무린 뒤 소금을 첨가한다.

5. 설탕과 소금을 넣은 소고기에 배즙, 검은 후춧가루, 참기름, 깨소금 넣고 골고루 섞은 후 채 썬 배와 깻잎을 넣고 함께 버무려 준다.

6. 기호에 맞게 각종 과일(배, 키위, 오렌지)을 모양내서 넣으면 더 예쁘고 상큼한 맛을 준다.

Tip
- 깻잎을 아주 가늘고 곱게 채 썰어 소고기 버무릴 때 마지막 부분에 첨가해서 넣으면 소고기 특유의 잡내도 제거되고 육회가 향긋하니 맛도 좋다.
- 육회는 소고기 부위 가운데 꾸리살을 사용하면 더욱 차지고 맛이 좋다.
- 배와 키위(Actinidin)에는 육류를 연화시켜 소화에 도움을 주는 단백질 분해효소가 함유되어 있다.

비빔냉면

찬물에 헹군 삶은 냉면 위에 양념한 오이, 무, 배, 소고기편육, 삶은 달걀과 고춧가루, 식초, 설탕, 참기름, 다진 파, 다진 마늘, 생강 등으로 만든 양념장을 얹어 낸 것이다. 편육은 소고기나 돼지고기를 삶아 눌러서 물기를 빼고 얇게 저미서 썬 것이다. 갈비구이와 같은 음식과 잘 어울리며 다져서 양념해 볶은 고기를 고명으로 얹기도 한다.

재료 및 분량

- **주요재료** : 냉면국수 200g, 오이 ½개, 달걀 1개, 무순 5g, 배 ½개, 소고기 100g, 양파 ½개, 무 50g, 홍고추 1개
- **부재료** : 고춧가루, 통깨, 대파, 마늘, 생강, 간장, 청주, 통후추
- **※간장육수**: 간장 1 : 물 3, 소고기, 생강, 파, 마늘, 홍고추, 통후추, 대파 뿌리, 양파
- **양념장**: 고춧가루, 마늘, ※간장육수, 설탕, 깨소금, 참기름, 후춧가루, 조미료(선택사항)

만드는 방법

1. 믹싱볼에 고춧가루와 간장육수를 넣고 섞다가 배, 다진 마늘, 설탕, 소금, 후추, 참기름을 넣어 양념장을 만든다.

2. 오이는 채 썰어 소금에 살짝 절여서 물기를 짜서 다진 마늘과 참기름으로 무쳐 놓는다.

3. 달걀은 완숙으로 삶아 준비한다.

4. 배는 고명으로 사용하기 위해 썰어서 설탕물에 담가 놓는다.

5. 무는 썰어서 소금에 절인 후 고춧물을 들여서 설탕, 식초, 다진 마늘을 넣고 새콤달콤하게 무쳐서 준비해 놓는다.

6. 면을 삶아 찬물에 헹궈 여러 번 씻은 후 물기를 제거한 후 양념장에 버무린다.

7. 면을 그릇에 담은 후 오이, 달걀, 고기, 무순, 무생채, 배를 고명으로 얹어서 먹기 좋게 담아 마무리한다.

Tip

- 면을 씻을 때 얼음물이나 찬물로 재빠르게 여러 번 씻어줘야 전분기가 잘 씻겨나간다(면이 빨리 붇지 않는다).
- 고운고추가루와 굵은 고춧가루를 혼합하여 사용한다.
- 배는 다져서 양념장에 첨가한다.

소갈비찜

소갈비를 무르게 삶아 무, 표고버섯, 당근, 밤 등을 넣고 간장양념에 부드럽게 조려낸 음식이다. 추석이나 설처럼 가족들이 오랜만에 모이는 명절상이나 잔칫상에 올리는 특별한 음식이다.

재료 및 분량

- **주재료** : 소갈비 500g, 배 ⅓개, 생강 1개, 무 30g, 양파 ½개, 청고추 1개, 홍고추 1개, 달걀 1개, 대파 1개, 잣 약간, 마늘 5개, 은행 4개, 당근 ⅓개, 밤 3개, 표고버섯 1장, 대추 2개
- **부재료** : 간장, 설탕, 물엿, 청주, 미림, 후춧가루, 고춧가루, 통깨, 참기름

만드는 방법

1. 핏물을 제거한 고기는 칼집을 넣고 끓는 물에 5분 정도 데쳐준다.
2. 데친 고기는 불순물을 씻어서 준비하고 냄비에 간장 1컵, 물 6컵 반을 넣고 끓기 시작하면 준비된 고기를 넣어준다(5분 정도 강불로 끓인 후 약불로 줄인다).
3. 고추, 마늘, 생강은 편으로 잘라서 넣고 청주는 넉넉히 넣어준다(1시간 30분 정도 끓인다).
4. 당근과 무는 모서리를 둥글게 다듬고 밤은 껍질을 벗겨 끓는 물에 삶는다.
5. 양파, 무, 배는 굵게 다져준다.
6. 파는 송송 썰어서 준비하고 은행은 팬에 볶아서 껍질을 제거하고 표고는 은행잎 모양으로 썰거나 윗부분에 별모양으로 칼집을 내어준다.
7. 달걀은 황·백지단을 만들어서 마름모꼴로 썰어 준비한다.
8. 굵게 다져놓은 무 0.5 : 배 1: 양파 1을 넣고 30분 정도 더 끓인다(중간중간 기름을 걷어낸다).
9. 물엿과 설탕을 넣고 지단을 제외한 고명들을 넣어준다. 다진 마늘을 넣어서 향미를 살린다.
10. 마지막으로 대파, 고춧가루, 후춧가루, 참기름, 통깨를 넣은 후 불을 끄고 그릇에 담아서 황·백지단과 잣가루를 올려서 낸다.

Tip

- 소갈비는 칼집을 내어 찬물에 3시간 이상 담가서 핏물을 뺀다(하루 전날 찬물에 담가서 냉장보관해서 핏물을 제거하면 더 좋다).
- 대추를 많이 넣지 않는다(대추의 단맛이 본연의 갈비찜 맛을 아쉽게 만든다).
- 처음에 간장양념에 끓일 때 강불로 해야 고기육즙이 빠져나오면서 갈비찜 맛이 좋아진다.
- 배 1 : 양파 1: 무 0.5 비율을 첨가한다(무가 많이 들어가면 쓴맛이 난다).
- 간장에 물을 6~7배 정도 넣고 천천히 조린다(2시간 30분 정도 끓이면 아주 연한 고기가 된다).
- 기호에 맞게 단맛을 맞출 시 물엿과 설탕의 비율은 7 : 3이 좋다.
- 마지막에 고춧가루는 소량 첨가한다(느끼한 맛을 잡아준다). 많이 들어가면 텁텁해진다.

영양밥

돌솥이나 냄비에 쌀과 인삼, 대추, 콩, 밤 등을 넣고 지은 밥으로
양념장에 비벼먹기도 한다. 요즘은 다양한 버섯과 채소 등을 넣
어서 기호에 맞게 만들기도 한다.

재료 및 분량

- **주재료** : 쌀 200g, 흑미 20g, 밤 2개, 대추 2개, 검은콩 20g, 은행 2알, 수삼 1뿌리, 식용유 1ts
- **양념장** : 간장 1Ts, 고춧가루 ⅓ts, 설탕 ¼ts, 다진 파, 다진 마늘, 깨소금, 참기름 약간, 후춧가루 약간, 달래

만드는 방법

1. 먼저, 손과 재료를 깨끗이 씻은 후 쌀과 흑미를 깨끗이 씻어 물에 30분 정도 불린 후 체에 거른다.

2. 검은콩은 씻어 불려놓고 밤은 껍질을 벗긴 뒤 4등분 하고, 대추는 돌려 깎기 하여 1cm 크기로 썬다.

3. 수삼은 1cm 크기로 썰고 은행은 열이 오른 팬에 기름을 두르고 볶아 껍질을 벗긴다.

4. 냄비에 불린 쌀과 물을 1:1 비율로 넣고 은행을 제외한 나머지 재료를 넣어 뚜껑을 덮고 끓인다.

5. 밥이 끓기 시작하면 중불로 줄인 후 밥물이 거의 줄어들면 약불로 줄이고 밥이 다 되어갈 때쯤 뜸을 드린 후 바닥이 눌지 않게 저어준 다음 은행을 넣어 1~2분 정도 더 뜸을 들인다.

6. 뜸을 들이는 동안 마늘, 파를 다진 후 간장 1Ts, 고춧가루 ⅓ts, 설탕 ¼ts, 다진 파, 다진 마늘, 깨소금, 참기름 약간, 후춧가루 약간, 달래를 썰어서 넣고 양념장을 만들어준다.

7. 밥주걱으로 밥을 모두 섞어 그릇에 담아준다.

Tip
- 검은콩은 익지 않을 수도 있으니 꼭 물에 먼저 불려놓는다.
- 너무 센 불에서 은행을 볶을 시 은행의 겉면이 쭈글쭈글해질 수도 있다.
- 양념장에 달래나 실파를 첨가하면 맛이 좋다.

된장찌개

된장은 한국의 전통 발효식품으로 멸치육수에 호박, 두부, 감자, 해산물 등 다양한 재료를 넣고 국물을 바특이 잡아서 된장으로 간을 하여 끓인 찌개이다. 계절에 맞춰 봄에는 냉이나 달래를 넣어 끓이기도 하고, 겨울에는 시래기를 데쳐 넣기도 한다.

재료 및 분량

- **주재료** : 애호박 ½개, 두부 ¼모, 양파 ⅛개, 표고버섯 1장, 청양고추 1개, 홍고추 1개, 해산물(모시조개, 꽃게) 40g, 감자 20g, 소고기 20g
- **된장양념** : 된장 100g, 고추장 10g, 굵은 고춧가루 5g, 다진 마늘 3g, 조미료 약간(선택사항)
- **멸치육수** : 다시 멸치 15마리, 밴댕이 3마리, 다시마 약간(작게 1장), 무 30g, 생강 5g, 양파 10g, 마늘 2쪽, 홍고추 ½개, 대파 ⅕개, 보리새우 5마리

만드는 방법

1. 냄비에 물을 500ml 정도 따르고 찬물부터 다시 멸치 15마리(대가리와 내장제거), 밴댕이 3마리, 무 30g, 양파 10g, 마늘 2쪽(살짝 으깬 것), 생강(편) 1쪽, 다시마 1장, 대파(칼로 열십자 넣어서) 5cm, 홍고추 ¼개(칼로 열십자 넣어서), 보리새우 5마리를 넣고 끓인다.

2. 1의 멸치 육수가 끓기 시작하면 불순물과 거품을 걷어내면서 중불과 약불 사이에서 톡톡톡 약하게 끓어오르게 하여 30분 정도 끓여준다.

3. 30분 정도 끓인 육수의 내용물은 체를 사용해서 걸러주어 멸치육수를 준비해 놓는다.

4. 된장을 양념하여 섞어서 준비해 둔다.

5. 마늘은 다져서 준비하고 두부, 애호박, 감자, 버섯, 고추, 대파, 양파는 먹기 좋은 크기로 자른다.

6. 된장과 고기를 뺀 모든 채소와 손질한 해산물을 넣어준다.

7. 양념한 된장을 일정량 덜어서 넣고 끓어오르면 소고기를 넣어준다.

8. 마무리 직전에 청양고추와 다진 마늘을 넣고 잠깐 끓여서 마무리한다.

Tip
- 멸치육수에 쌀뜨물을 약간 혼합하여 사용하기도 한다.
- 육수는 30분 정도로 끓여준다
- 처음에 맛을 볼 때 싱거워도 바닥에 된장이 일부 뭉쳐있을 수 있으니 유념한다.
- 고춧가루를 많이 넣으면 텁텁해지므로 많이 넣지 않는다.
- 된장과 고추장 비율을 잘 맞춰 혼합하여 사용하면 풍미가 더욱 좋다(고추장은 된장의 ⅒ 이하 사용).
- 시판되는 개량형 된장 사용 시에는 오래 끓이지 않는다(오래 끓이면 빨리 숙성하기 위해서 첨가된 전분질이 분해가 되면서 시큼하고 떫은 맛이 난다).

전복죽

전복죽은 전복을 얇게 저며서 불린 쌀과 함께 쑨 별미죽으로 전복 본연의 가지고 있는 맛과 향이 우수할 뿐만 아니라 예로부터 귀한 재료로 궁중에서 많이 사용되었다. 전복죽은 내장을 제거하고 끓인 맑은 전복죽과 내장을 함께 사용하여 은은한 녹두 빛이 나는 전복죽이 있다.

재료 및 분량

- **주재료** : 전복 1마리, 소라 1마리, 달걀 ⅓개, 불린 쌀 1컵, 당근 10g, 호박 10g
- **부재료** : 소금 0.5Ts, 참기름 2Ts, 혼다시 1Ts, 김가루 소량, 물 5컵

만드는 방법

1. 쌀은 한 시간 전쯤에 미리 불려 놓고 채반에 밭쳐 물기를 제거한다.

2. 전복은 흐르는 물에 솔을 이용해 전복에 붙어 있는 이물질을 제거해 준다.

3. 숟가락을 사용하여 전복 껍데기와 살을 분리한다.

4. 전복과 소라는 얇게 편 썰어서 준비하고 호박과 당근도 미리 잘게 다져서 준비해 놓는다.

5. 참기름을 넉넉하게 두르고 전복과 소라를 함께 넣고 볶아준다.

6. 미리 불려서 준비 된 쌀을 전복에 함께 넣고 볶아주다 불린 쌀의 5배 정도의 물을 넣고 끓여준다.

7. 전복죽이 농도가 알맞게 다 되어 갈 즈음에 소금과 혼다시(선택 사항) 넣고 간을 한 후 달걀 한 스푼을 넣고 잘 저어준다.

8. 준비된 당근, 호박을 넣고 살짝 끓인 후 그릇에 모양내서 담아준다.

Tip
- 전복은 테두리가 까만색이 짙을수록 싱싱하다.
- 참기름을 넉넉히 두르고 재료가 볶아져야 전복죽 맛이 좋다(나중에 일부 걷어낸다).
- 달걀은 지저분하게 넣자마자 휘젓지 않는다.
- 먹기 직전에 참기름과 김가루를 뿌려서 먹으면 훨씬 맛있다.
- 집에서 남은 밥을 사용해서 만들어도 맛에 큰 차이는 없다(15~20분 이내 완성).

진달래화전

화전은 찹쌀가루를 익반죽하여 둥글게 빚어서 기름에 지진 음식으
로 꽃지짐이라고도 불린다. 특히나 봄에 연분홍색 진달래꽃을 따
다가 진달래화전을 만들어 먹었는데 진달래꽃은 옛 선조들이 "꽃
잎이 부드럽고 단맛이 나는 진달래는 참꽃으로 독성이 없다"라고
했으며 "독성이 있어 먹지 못하는 철쭉을 개꽃"이라 불렀다.

재료 및 분량

• **주재료** : 진달래꽃 10장, 찹쌀가루 200g, 소금 10g, 백설탕 80g, 식용유 20ml

만드는 방법

1. 찹쌀가루에 소금을 넣고 뜨거운 물을 붓고 너무 질지 않게 익반죽하여 많이 치대어 준다. 이후 젖은 면포로 감싸서 덮어두거나 랩에 감아서 마르지 않게 보관한다.

2. 진달래꽃을 찬물에 담가서 준비해 둔다.

3. 냄비에 설탕과 물을 동량으로 넣어 중불에서 서서히 끓여 시럽을 만들어 놓는다.

4. 말랑말랑하게 익반죽한 찹쌀 반죽은 두께 0.5cm로 둥글납작한 모양으로 빚어 놓는다.

5. 식용유를 두른 팬에 지진다.

6. 거의 익을 무렵 깨끗이 씻어 물기를 제거한 진달래꽃을 고명으로 장식하여 지진다.

7. 뜨거울 때 설탕시럽이나 꿀에 재워 둔다.

Tip
- 실무에서는 찹쌀 반죽을 두께 0.5cm로 넓게 펴서 원형틀로 찍어내서 사용한다.
- 다양한 식용꽃을 고명으로 얹어서 사용한다.

아욱국

아욱국은 아욱에 소금을 넣고 바락바락 문질러 풋내를 제거한 아
욱과 보리새우를 함께 멸치육수에 된장으로 간을 해서 끓인 국이
다. 아욱은 단백질, 칼슘, 비타민 등이 아주 풍부한 식품으로 여
름철에 즐겨 먹었다.

재료 및 분량

- **주재료** : 아욱 한묶음(300g), 보리새우 15마리, 홍고추 ½개, 대파 ½개, 된장 1Ts, 소금 1ts, 고춧가루 소량, 다시 멸치 15마리, 밴댕이 3마리, 다시마 약간(작게 1장), 무 30g, 생강 5g, 양파 10g, 마늘 3쪽

만드는 방법

1. 냄비에 물을 500ml 정도 따르고 찬물부터 다시 멸치 15마리(대가리와 내장 제거), 밴댕이 3마리, 무 30g, 양파 10g, 마늘 2쪽(살짝 으깬 것), 생강(편) 1쪽, 다시마 1장, 대파(칼로 열십자 넣어서) 5cm, 홍고추 ¼개(칼로 열십자 넣어서), 건새우 5마리를 넣고 끓인다.
2. 두꺼운 줄기를 제거한 아욱은 소금을 넣고 물을 소량 첨가해서 파란물이 나올 때까지 바락바락 문질러 씻은 후 물에 담가서 준비한다.
3. 1의 멸치 육수가 끓기 시작하면 불순물과 거품을 걷어내면서 중불고 약불 사이에서 톡톡톡 약하게 끓어오르게 하여 30분 정도 끓여준다.
4. 30분 정도 끓인 육수의 내용물은 체를 사용해서 걸러주어 멸치육수를 준비해 놓는다.
5. 준비된 멸치육수에 된장을 체에 내려서 풀고 소금은 소량 첨가하여 간을 맞춘다.
6. 5의 된장과 소금으로 간이 된 육수에 아욱(물에 건져서 물기 제거)과 보리새우를 넣고 함께 끓인다.
7. 마늘은 다져서 넣고 대파와 홍고추는 어슷썰어서 넣는다.
8. 고춧가루를 아주 소량만 넣고 마무리하여 그릇에 담아낸다.

Tip
- 멸치육수는 찬물부터 재료를 넣고 30분 정도 우려낸다(육수 맛이 제일 중요함).
- 멸치육수는 50분 이상 끓이지 않는다(오래 끓이면 쓴맛이 우러나옴).
- 다시 멸치는 대가리와 내장을 제거해서 사용하고 밴댕이는 손질하지 않고 사용한다.
- 불조절에 실패하면 멸치육수가 탁하거나 연하게 나와 맛있는 아욱국의 맛을 낼 수 없다.
- 기호에 따라 고추장을 약간 첨가하기도 하지만 된장과 소금으로 간 한 것에 비해 시원하고 깔끔한 맛이 다소 떨어진다.
- 고춧가루는 소량만 넣는다(고춧가루가 많이 들어가면 아욱국이 텁텁해진다).

갈치조림

토막 낸 갈치를 매콤하게 조린 음식이다. 농어목 갈치과인 바닷물고기인 갈치는 생김새와 은백색의 빛깔이 긴 칼과 같다 하여 갈치로 불리기도 했다. 최소 50cm에서 최대 150cm까지 자라며, 7~11월 사이 많이 잡힌다. 구이나 조림이 일반적인 조리 방법이며 지역에 따라서 국이나 회로도 먹는다.

재료 및 분량

- **주재료** : 갈치 1마리, 무 100g, 홍고추 1개, 대파 ½개, 감자 ½개, 생강 1톨, 청주&미림 1Ts, 양파
- **양념장** : 간장 2Ts, 설탕 ¼Ts, 멸치육수 1컵, 다진 마늘 ½Ts, 고춧가루 1Ts, 파 1토막, 깨소금 약간, 양파 약간

만드는 방법

1. 멸치육수를 연하게 만들어 준비해 놓는다.
2. 갈치는 손질할 때 하얀 부분을 긁어준 후 내장과 대가리를 제거해 주고 7~8cm 크기로 잘라서 준비한다.
3. 생강, 마늘은 다진 것과 편 썰어서 준비하고 대파와 홍고추는 어슷썰기 해서 준비한다.
4. 무와 감자는 3×4cm 크기로 잘라서 냄비에 깔아준다.
5. 무와 감자 위에 손질한 갈치를 올리고 양념장을 끼얹어 준다. 한소끔 끓으면 위에 대파와 편 썬 생강, 마늘, 양파, 홍고추도 올려준다.
6. 중불로 끓이다가 약불로 줄여 중간중간 양념장을 끼얹어 준다.
7. 국물이 타지 않도록 주의하고 그릇에 예쁘게 담아낸다.

Tip
- 무와 감자를 냄비 바닥에 깔아서 갈치가 냄비에 눌어 붙어서 타지 않게 한다.
- 얼갈이를 데쳐서 갈치조림에 넣어도 좋다.
- 부드러운 단맛을 내기 위해서 양파를 소량 넣는다.

궁중떡볶이

궁중떡볶이는 옛 궁궐에서 왕자와 공주들의 간식과 임금님의 수라상에 올랐다는 떡볶이를 말하는 것으로 고추장을 사용하지 않고 만들었다고 해서 '간장떡볶이'라고도 한다. 맛이 잡채 맛과 흡사하고, 당면 대신 떡이 들어가 한 끼 식사로도 가능하며, 맵지 않아 아이들 간식으로 좋은 음식이다.

재료 및 분량

- **주재료** : 흰떡 300g, 소고기 100g, 표고버섯 3장, 양파 50g, 청고추 1개, 홍고추 1개, 숙주 30g, 식용유 15g
- **양념장(1)** : 간장 7Ts, 설탕 4.5Ts, 다진 파 10g, 다진 마늘 15g, 후춧가루 0.3g, 참기름 20g, 청주 10g
- **양념장(2)** : 간장 1Ts, 설탕 6g, 꿀 6g, 다진 파 3g, 다진 마늘 5g, 참기름 5g, 물 2.5Ts

만드는 방법

1. 채소는 깨끗이 씻어서 먹기 좋은 크기로 썰어 놓는다. 숙주는 거두절미하여 끓는 물에 소금 넣고 살짝 데친다. 청·홍고추 대신 청피망, 홍피망, 노랑 피망을 대신 넣으면 훨씬 예쁘게 나온다.

2. 파, 마늘은 다져서 준비해 놓는다.

3. 떡은 끓는 물에 데쳐서 물기를 빼주고 양념장(1)을 넣고 살살 버무려 준다. 양념장(1)을 넣고 버무려서 그냥 먹어도 떡이 맛이 좋다.

4. 소고기는 7 × 0.3cm 크기로 썰고 물에 불린 표고버섯은 물기를 짜주고 소고기 크기에 맞춰서 썰어 각각 양념장(1)에 재운다.

5. 고명으로 쓸 지단은 평소보다 두껍게 부쳐서 6 × 0.7cm 정도로 잘라서 준비한다.

6. 양파, 파프리카는 팬에 식용유를 두르고 간장을 소량 첨가해서 살짝만 볶아준다. 아삭아삭한 식감을 살리고 채소에서 물이 생기는 걸 막기 위해서 미리 볶아서 내놓는다.

7. 식용유를 두르고 소고기와 표고를 먼저 볶는다. 청주를 소량 첨가해서 볶다가 70~80%쯤 익었을 때 양념장(2)을 넣는다. 꿀이 없으면 물엿으로 대신하여도 좋다. 물엿과 설탕은 함께 사용하면 음식에 윤기도 나며 단맛도 깔끔하게 잘 어울린다.

8. 어느 정도 고기가 익으면 숙주를 뺀 모든 채소와 양념된 떡도 함께 넣고 볶는다. 마지막으로 숙주와 다진 마늘을 넣고 살짝 볶아서 마무리한다.

Tip
- 떡은 끓는 물에 데쳐서 물기를 빼주고 양념장(1)에 넣고 버무려 주고 나머지 재료는 양념하여 혼합해도 된다.
- 마늘 입자를 거칠게 다져서 사용하면 마늘의 쓴맛이 적어진다.

불고기

불고기는 수천 년 전부터 먹어온 전통 한식으로 조상들의 지혜가
담긴 바비큐 요리다. 불고기는 얇게 썬 소고기를 양념장에 재워
서 석쇠에 구워 먹는 음식이다. 예전에는 너비아니라고 불렀다.
너비아니란 궁중과 서울의 양반집에서 쓰던 말로 고기를 넓게 저
몄다는 뜻이다.

재료 및 분량

- **주재료** : 소고기 목심 300g, 배 ¼개, 대파 50g, 마늘 30g, 청고추 1개, 홍고추 1개, 양파 ¼개, 부추 10g, 깻잎 1장, 생강 5g
- **부재료**: 간장, 설탕, 청주, 미림, 후춧가루, 깨소금, 참기름
- **양념장** : 간장(4Ts), 설탕(2.5Ts), 물엿(½Ts), 배즙(배, 양파, 대파, 생강), 청주, 미림, 다진 파, 다진 마늘, 깨소금, 후춧가루, 참기름
  〈간장 1 : 설탕 0.6 : 물엿 약간 : ※배즙(배, 양파, 대파, 생강) 1 : 청주 0.5~0.7 : 미림 0.3+ 나머지 첨가〉
  ※배즙(배, 양파, 대파, 생강) : 배 ⅛개, 양파 ⅛개, 대파 15g, 생강 3g, 청주 10mL

만드는 방법

1. 소고기는 키친타월로 핏물을 최대한 빼서 준비해 둔다.

2. 불고기 양념장을 만들어준다(배 ⅛개, 양파 ⅛개, 대파 15g, 생강 3g, 청주 10mL 믹서에 넣고 갈아준다. 이후 간장에 설탕과 물엿을 녹이고 위의 간장과 동량 비율의 배즙을 넣고 혼합한 후 다진 파, 다진 마늘, 청주, 미림, 검은 후춧가루, 깨소금, 참기름을 넣어 양념장 완성).

3. 마늘 생강은 편 썰어주고 대파, 청고추, 홍고추는 어슷썰어 준비한다. 양파는 채 썰고 부추와 깻잎은 5cm 길이로 잘라 준다(기호에 따라 다른 채소나 버섯류를 첨가해도 좋음).

4. 핏물을 제거한 소고기는 미리 만들어 놓은 불고기 양념장에 재워둔다(30분~1시간).

5. 팬에 기름을 두르고 부추와 깻잎을 제외한 모든 채소를 먼저 볶다가 양념된 소고기를 볶아준다. 마지막에 부추, 깻잎, 참기름을 넣어 향미를 살려서 담아낸다.

Tip
- 〈간장 1 : 설탕 0.6 : 물엿 약간 : ※배즙(배, 양파, 대파, 생강) 1 : 청주 0.5~0.7 : 미림 0.3+ 나머지 첨가〉 or 〈간장 1 : 설탕 0.7 : ※배즙(배, 양파, 대파, 생강) 1 : 청주 0.5~0.7 : 미림 0.3+ 나머지 첨가〉
- 소고기의 핏물을 제거하지 않으면 양념이 잘 스며들지 않고 핏물이 흘러나와 불고기의 맛과 저장성을 크게 떨어뜨린다.
- 배즙의 배와 양파는 동량이고 대파 약간 그리고 생강(조금만 많이 들어가도 쓴맛이 남-주의)은 아주 소량만 넣고 믹서에 갈아서 사용한다.

두부선

두부를 곱게 으깨어 닭고기와 채소를 섞어서 고르게 펴고 고명을
얹어 쪄낸 음식으로 초간장을 곁들여 먹었다.

재료 및 분량

- **주재료** : 두부 ½모, 닭고기 70g, 홍고추 ¼개, 풋고추 ½개, 표고 1장, 석이버섯 2장, 달걀 1개, 실고추 약간, 잣 1ts
- **양념** : 소금 ½ts, 다진 파, 다진 마늘, 참기름, 깨소금, 후춧가루
- **초간장** : 간장 1Ts, 식초 ½Ts, 설탕 ½Ts

만드는 방법

1. 닭고기는 살만 발라서 힘줄 제거 후 곱게 다지고 홍고추와 풋고추는 굵게 다져주고 파, 마늘은 곱게 다져준다.
2. 두부는 면포에 싸서 물기를 제거 후 칼을 눕혀 곱게 으깨준다.
3. 두부와 닭고기, 홍고추, 풋고추를 섞어 양념하여 손으로 치대어 준다.
4. 표고는 포를 떠서 가늘게 채 썰어주고 석이버섯은 이물질을 제거한 후 돌돌 말아서 가늘게 채 썬다.
5. 황 · 백지단은 길이 2cm로 채 썰어주고 잣은 반 갈라서 비늘잣을 만들고 실고추는 2cm 길이로 잘라준다.
6. 양념하여 잘 치댄 반죽은 젖은 면포에 올리고 손에 기름을 묻혀서 위에 살살 문질러준다. 칼에 기름이나 물을 묻혀서 윗면을 잘 다듬어 준다.
7. 표고, 석이버섯은 윗면에 잘 달라붙게 올려주고 찜통에 넣고 쪄준다. 찌다가 중간에 채 썬 황 · 백지단, 비늘잣, 실고추도 올려 주고 다시 한소끔 쪄준다.
8. 익은 두부선은 식혀서 가로세로 3cm로 썰어 접시에 모양내서 담아낸다.
9. 초간장을 곁들여 낸다.

Tip
- 달걀 흰자위를 소량 첨가하면 훨씬 잘 응고된다.
- 표고버섯은 윗부분을 사용하는 것이 좋다. 색깔이 훨씬 진하고 곱게 나온다.

모둠전

우리나라의 대표적인 명절 음식으로 생선, 고기, 채소를 얇게 썰
거나 저미서 밀가루에 달걀물을 씌워 기름에 지진 음식으로 재료
에 따라 육전, 생선전, 채소전으로 나뉜다.

재료 및 분량

- **주재료** : 소고기 100g, 돼지고기 50g, 새우 3마리, 깻잎 3장, 호박 50g, 실파 1줄기, 양파 10g, 쑥갓 3줄기, 대파 ½개, 달걀 1개, 마늘 2쪽, 밀가루 30g, 두부 50g, 식용유 3Ts, 생강 5g, 피망 약간
- **양념장** : 참기름 1Ts, 청주 1ts, 간장 1ts, 파 1ts, 소금 1ts, 마늘 1ts, 후춧가루 약간, 생강 ¼개

만드는 방법

1. 채소는 물에 담가서 신선도를 유지하여 준다.
2. 호박은 씻은 후 통썰기(0.7cm) 하여 소금물에 절인다.
3. 홍고추는 끄트머리 부분만 잘라서 장식하는 데 사용한다. 실파는 끝이 가는 부분만 잘라서 같이 사용한다.
4. 새우는 씻어서 새우의 등 두 번째 마디에 이쑤시개를 넣어 내장을 제거하고 꼬리 쪽의 물주머니를 제거한다.
5. 새우는 등쪽으로 칼집을 끝까지 넣어 반으로 가른다. 새우는 힘줄이 있어서 익었을 때 수축되기 때문에 칼을 세워서 칼끝으로 힘줄을 끊어준다. 소금과 흰 후춧가루를 뿌려서 밑간을 살짝 해둔다.
6. 깻잎 속에 들어 갈 모든 재료는 다져서 준비한다. 소고기 2 : 돼지고기 1 : 두부 1로 사용하여 양념장으로 간을 한다.
7. 모든 다진 재료에 양념을 넣고 많이 치대준다.
8. 깻잎은 물기를 제거하고 밀가루를 묻히고 다시 밀가루를 털어낸다. 깻잎 양쪽을 안으로 접어서 삼각형이 되도록 만들어주고 소를 넣고 삼각형 모양으로 접어서 삐죽하게 나온 양옆을 가위로 잘라서 다듬어 준다. 집에서 먹을 때는 간단히 깻잎에 고기소를 넣고 반으로 접는다.
9. 밀가루와 달걀물을 입힌 호박은 뒤집기 전에 마름모꼴로 자른 피망과 실파를 올려주어 장식한다.
10. 새우는 꼬리를 잡고 밀가루를 묻히고 다시 달걀물을 입혀서 팬에 익히면서 장식한다.
11. 약불에서 타지 않게 서서히 지져서 키친타월로 기름기를 제거하고 접시에 담아낸다.

Tip
- 새우는 팬에 지져낼 때 기름에 튈 수 있어 물주머니를 제거한다.
- 생선전은 생선살에 소금, 후추, 생강즙으로 밑간 후 조리한다.

팥죽

떡국이 설날 음식이라면 팥죽은 동지의 대표적인 음식이다. 팥죽은 팥을 전날 불려서 푹 삶아 체에 내려 멥쌀이나 새알심을 넣어 끓인 죽이다. 예로부터 질병이나 귀신을 쫓는 음식으로 알려져 있으며 특히 팥에는 칼륨이 다량 함유되어 있어 염분으로 인한 붓기를 빼주는 데 탁월한 효능이 있다고 한다.

재료 및 분량

- **주재료** : 붉은팥 200g, 멥쌀 20g, 찹쌀가루 80g, 팥앙금 50g
- **부재료** : 소금, 설탕, 물

만드는 방법

1. 팥은 손으로 비벼서 깨끗이 씻어 준다. 바닥에 가라앉은 불순물이 있으니, 체에 밭쳐서 몇 차례 헹구어 준다(팥은 전날 불려 놓는다).

2. 냄비에 물을 붓고 깨끗하게 씻은 붉은 팥을 넣고 강불로 5분 정도 끓여 팥물을 따라 버린다. 다시 냄비에 물을 붓고 끓어오르면 중불로 익혀서 팥이 무르도록 1~2시간 삶는다(장시간 팥을 삶아야 하니 물을 넉넉히 넣는다).

3. 찹쌀가루는 익반죽 하되 끓는 물에 소금을 넣는다. 새알심은 살짝 작게 동그랗게 만들어 준다. 새알심 성형 시 맨 마지막에 물을 살짝 묻혀서 놓으면 갈라지지 않고 예쁘게 나온다.

4. 팥이 무르게 익으면 믹서에 갈아 준다(뜨거우니 주의 한다). 다음 물을 붓고 미리 불린 멥쌀 1Ts과 새알심도 함께 넣어서 끓인다.

5. 팥앙금을 넣고 단팥죽이 눌어 붙지 않도록 계속 저어 주어야 한다. 소금은 간을 보면서 넣고 깔끔한 단맛을 내기 위해선 설탕을 넣어 주고 마무리한다.

Tip

- 멥쌀은 많이 넣으면 팥죽의 맛이 연해진다.
- 팥죽이 바닥에 눌어 붙지 않도록 주의해야 한다.
- 팥앙금은 기호에 맞게 가감한다.

김치전골

김치전골은 잘 익은 배추김치와 돼지고기로 끓인 전골류의 음식
이다. 전골은 한국의 전통 요리방식으로 음식상에 전골틀을 놓고
끓여가며 먹는다. 이렇게 먹으면 먹는 시간에 맞춰 음식을 알맞
게 익힐 수 있으며, 식사를 마칠 때까지 따뜻하게 먹을 수 있다는
장점이 있다.

재료 및 분량

- **주재료** : 김치 ¼포기, 돼지삼겹살 50g, 돼지갈비 100g, 만두 4개, 두부 ¼모, 청 · 홍고추 각 1개, 불린 당면 20g, 떡 사리 30g, 표고버섯 1장, 양파 ⅙개
- **부재료** : 설탕 1ts, 청주 0.5Ts, 후춧가루 약간, 식용유 5Ts, 대파 15g, 마늘 2쪽, 생강 5g, 참기름 약간

만드는 방법

1. 김치전골에 들어갈 육수를 먼저 준비한다.

2. 김치는 한입크기로 잘라주고 삼겹살과 돼지갈비는 먹기 좋은 크기로 잘라준다.

3. 파, 마늘, 생강은 거칠게 다져서 준비하고 당면은 미지근한 물에 미리 담가 놓는다.

4. 양파는 큼직하게 채 썰어 주고 두부도 한입 크기로 잘라준다. 만두와 떡 사리는 미리 해동시켜 놓는다.

5. 팬에 식용유를 넉넉하게 두르고 돼지갈비와 삼겹살을 넣고 함께 볶다가 파, 마늘, 생강, 간장(소량), 후춧가루 넣고 볶아준다.

6. 5에 청주 넣고 거친 고춧가루를 넣고 볶다가 고기가 거의 다 익었을 쯤에 김치 넣고 양파 넣고 30~40분 정도 더 볶아준다.

7. 다 볶아지면 육수를 넣고 보글보글 끓기 시작하면 떡 사리, 만두, 두부, 표고버섯, 당면, 고추 넣고 계속 끓여준다(마무리 될 쯤에 마늘, 파, 후춧가루, 청주, 참기름과 깨를 조금 더 첨가).

Tip
- 육수는 기호에 맞게 멸치육수, 닭육수, 소고기 육수 가운데 1개를 선택해서 사용한다.
- 돼지고기와 김치를 볶을 시 식용유가 넉넉히 많이 들어가야 맛이 좋다.
- 김치 볶을 시 설탕을 적당히 가감해서 넣으면 김치의 신맛을 줄이고 맛이 잘 어우러진다.

오미자화채

건조(乾燥)시켜 두었던 오미자를 불려서 우려 낸 국물에 설탕시
럽이나 꿀을 넣고 배를 모양내어 띄워서 차게 해서 마시는 음료
이다. 오미자는 감(甘)·산(酸)·고(苦)·신(辛)·함(鹹: 짠맛)
등의 5가지 맛을 고루 함유하고 있으며, 특이한 향기가 있고 약
간의 타닌이 들어 있다. 오미자차는 옛날부터 폐기(肺氣)를 보(補)
하고 특히 기침이나 갈증해소에 도움을 준다.

재료 및 분량

• **주재료** : 건 오미자 100g , 배 1개, 백설탕 180g, 꿀 190g, 잣 10g, 물 1.8kg

만드는 방법

1. 건 오미자를 물에 씻어 불순물을 제거한다.

2. 물은 끓여서 식혀놓고 깨끗이 씻어진 오미자를 하루 정도 담가둔다.

3. 오미자를 체에 밭쳐서 면포에 걸러 오미자 국물을 만든다.

4. 물과 설탕을 동량으로 시럽을 만든다.

5. 오미자 국물에 시럽과 꿀을 넣어 당도를 조절한다.

6. 배는 껍질을 벗기고 채를 썰거나 꽃모양으로 만든다.

7. 화채 국물에 배와 고깔을 뗀 잣을 띄워 그릇에 담는다.

Tip
· 오미자는 깨끗이 씻어서 물에 하루 정도 담가서 사용한다(냉장보관).
· 실무에서는 꿀 대신 설탕시럽으로 당도를 조절한다.
· 오미자청을 조금 섞어서 사용해도 좋다.

오징어순대

오징어순대는 작은 오징어를 선택하여 그 몸통에 다리를 비롯한
여러 가지 재료를 넣고 양념하여 쪄낸 음식이다. 일종의 순대와
비슷한 강원도의 대표적인 토속음식으로 손꼽힌다.

재료 및 분량

- **주재료** : 오징어 1마리, 소고기 50g, 돼지고기 30g, 표고버섯 1장, 당근 20g, 양파 20g, 두부 30g, 풋고추 1개, 홍고추 1개, 당면 20g, 밀가루 5Ts, 부추 15g, 달걀 1개, 부침가루 약간, 꼬치 2개
- **양념장** : 생강 5g, 간장 0.5Ts, 굴 소스 0.4Ts, 설탕 0.25Ts, 청주 1Ts, 후춧가루 1ts, 참기름 1Ts, 소금 1ts, 파 1ts, 마늘 2개

만드는 방법

1. 오징어는 배를 가르지 않고 다리를 당겨서 속을 깨끗이 씻고 내장을 떼어낸다.
2. 끓는 물에 소금을 넣고 아주 잠깐 데치고 몸통은 뒤집어 놓고 다리는 다져서 소로 사용한다. 몸통을 뒤집어 놓는 이유는 나중에 밀가루를 묻히고 소를 채우기 위해서이다.
3. 두부는 면포에 싸서 물기를 꽉 짜주고 칼로 곱게 으깨준다.
4. 모든 채소는 굵게 다져주고 불린 당면은 3cm 길이로 잘라준다. 파, 마늘도 다지고 생강은 보다 곱게 다져준다.
5. 팬에 식용유를 두르고 양파를 넣고 볶다가 간장 넣고 굴소스 소량 넣고 볶는다. 당근도 양파와 똑같이 볶아서 그릇에 담아 놓는다.
6. 모든 재료를 큰 볼에 담고 달걀흰자, 소금, 굴 소스, 간장, 설탕, 청주, 검은 후춧가루, 부침가루, 참기름을 넣고 잘 섞어 준다.
7. 뒤집어 놓은 오징어의 몸통 속을 마른 행주로 잘 닦아 밀가루를 묻히고 살짝 털어 낸 다음 만들어 놓은 소를 ¾ 정도만 채워 넣고 꼬치로 입구를 꿰어둔다.
8. 김이 오른 찜통에 속을 채운 오징어를 넣기 전에 오징어 몸통 전체에 바늘 침을 주어서 쪄낸다 (익으면서 순대 속에 생기는 수분이 밖으로 빠져 나온다. 또한, 식으면서 내용물이 단단해지고 속과 몸통이 분리되지 않는다).
9. 쪄낸 오징어순대는 식혀서 두께 1cm로 잘라 주고 밀가루를 바른 후 굵게 다진 쪽파를 넣은 달걀물에 묻혀서 팬에 지져내면 더욱 맛있다.

Tip
- 오징어 껍질을 굳이 제거하지 않아도 된다.
- 오징어는 살짝만 데쳐서 사용한다.
- 버무려 양념할 때 굴소스와 부추를 잘게 다져서 첨가하면 한층 맛이 좋아진다.

미역국

불린 미역과 소고기를 넣고 국간장(청장)으로 간을 하여 끓인 국이다. 미역은 우리 몸의 혈액 순환을 돕고 피를 맑게 해 줄 뿐만 아니라 칼로리는 낮고 무기질이 풍부한 알칼리성 식품으로 여성들에게 미용식으로도 인기가 많다. 미역국은 '태어난 날'을 상징하며 아이를 낳은 산모가 제일 먼저 먹는 음식이 바로 미역국이다.

재료 및 분량

• **주재료** : 마른 미역 15g, 소고기 80g, 국간장 ½Ts, 다진 마늘 10g, 검은 후춧가루 0.2g, 참기름 20g, 물 1000ml, 국간장(청장) 6g, 소금 1Ts, 소고기 다시다(선택사항)

만드는 방법

1. 불린 미역은 파란물이 없어질 때까지 씻는다.

2. 물기를 꼭 짠 후 한입 크기로 자른다.

3. 마늘을 굵게 다져서 준비하고 소고기는 먹기 좋게 자른 후 핏물을 뺀다.

4. 팬에 참기름을 넉넉히 두르고 미역과 다진 마늘을 넣고 볶다가 물 1컵 정도 넣고 진한 육수가 나올 때까지 강불로 10분 정도 자작하게 끓인다.

5. 뽀얗게 국물이 우러나오면 물 3컵 정도 물을 더 붓고 불을 서서히 줄이고 끓인다.

6. 핏물을 제거한 소고기를 넣고 30분쯤 끓이고 소고기 다시다 1Ts과 국간장으로 간을 하고 약간의 검은 후춧가루를 넣어 마무리한다.

Tip

- 불린 미역은 터져서 뽀얗게 우러나오게 물을 자작하게 붓고 강불로 끓여야 미역국 맛이 좋다.
- 물은 조리과정에서처럼 두 번에 나누어 넣는다.
- 미역을 참기름에 볶을 때 소량이 간장 1~2방울 첨가하거나 넣지 않고 맨 마지막에 간을 한다(간이 되면 뽀얀 국물이 제대로 우러나오지 않음).
- 선택사항인 소고기 다시다를 첨가하면 소금은 넣지 않고 다시다로 70% 간을 맞추고 국간장으로 나머지 30% 정도의 간을 맞추면 알맞다.

제육볶음 (고추장삼겹살)

제육볶음은 돼지고기 목살이나 삼겹살을 도톰하게 저며 고추장 양념에 재웠다가 달달 볶아낸 대표적인 고추장 양념 요리다. 가격이 저렴하면서도 고기 맛을 즐기고 포만감을 느낄 수 있어 남녀노소에게 인기 있는 메뉴다.

재료 및 분량

- **주재료** : 삼겹살 2kg, 양파 ½개, 대파 1개, 청고추 1개, 홍고추 1개, 마늘 20g, 생강 10g
- **양념장** : 고추장 500g, 고춧가루 40g 청주 50g, 미림 30g, 배 ¼개, 후춧가루 3g, 사과 ⅓개, 설탕 130g, 생강 20g, 물엿 약간, 간장 20g, 통깨 약간, 다진 마늘 40g, 참기름 약간

만드는 방법

1. 양념장을 준비해 놓는다.
2. 돼지고기는 먹기 좋은 크기로 자른다.
3. 대파는 십자로 자르고 양파와 생강은 편으로 썰어 넣고 삼겹살은 삼등분하여 양념이 잘 배이도록 버무린 후 재워둔다.
4. 양파, 마늘, 청 · 홍고추는 어슷썰기 한다.
5. 팬에 식용유를 두르고 재워둔 고기를 볶다가 미리 썰어 놓은 4의 재료를 넣고 볶아준다.
6. 모든 재료가 잘 보이도록 담아낸다.

Tip
- 양념장에 배, 사과, 양파 등을 갈아서 넣으면 고추장의 짠맛을 중화시키면서 풍미는 좋아진다.
- 제육볶음을 볶을 시 타지 않게 하려면 약간의 물을 첨가한다.
- 고추장 양념장이나 간장 양념장에 배를 사용할 경우 가격이 저렴한 묵은 배를 사용하는 것이 맛이 더 좋다(햇배에는 유기산이 많아 시큼한 맛이 강함).

감귤화채

우리나라에서 생산되는 과일을 활용하여 새롭게 메뉴 개발한 음
청류이다. 배와 제주에서 생산되는 감귤을 사용해서 더운 여름날
이나 식사 후 디저트로 차게 해서 먹기 좋은 화채이다.

재료 및 분량

- **주재료** : 귤 3개, 배 1개, 설탕 140g, 석류 약간, 꿀 50g, 물 800mL, 사이다 30g

만드는 방법

1. 배는 한입 크기로 잘라서 준비하고 감귤은 반이나 ¼ 크기로 잘라서 준비한다.
2. 끓는 물에 잘라놓은 배를 넣고 끓이다가 설탕과 꿀을 넣는다.
3. 감귤의 절반은 배와 함께 끓일 때 넣어주고 나머지 반은 배가 다 익었을 때 면포에 싸서 잠깐 넣어서 끓이고 바로 식혀준다.
4. 이틀 정도 냉장고에 보관한 후 덜어서 사용한다.
5. 먹기 직전에 준비된 석류알과 사이다를 조금 넣어서 준비한다.

Tip

- 귤이 많이 들어가면 상큼하니 맛이 좋아진다.
- 냉장 보관하여 2~3일 정도 지나면 감귤향이 은은하게 배어서 맛이 좋다.

수정과

우리나라의 전통 음료 중 하나로 생강과 계피를 달인 물에 설탕
이나 꿀을 넣고 끓여서 식힌 다음 기호에 따라 곶감이나 잣을 띄
운 음청류이다.

재료 및 분량

- **주재료** : 생강 200g(물 2kg), 통계피 110g(물 2kg), 황설탕 140g, 백설탕 220g, 곶감 3개, 호두 40g, 잣 3g

만드는 방법

1. 생강은 깨끗한 물에 씻어서 껍질을 제거한 후 편 썬다.

2. 편 썬 생강은 30분~1시간 정도 찬물에 담가 둔다.

3. 계피는 씻어서 조각을 내고 냄비에 물을 넣고 끓인다(물 2kg과 함께 처음에는 센불로 끓이다가 끓으면 중불로 끓인다).

4. 생강도 냄비에 물을 넣고 끓여준다(물 2kg과 함께 처음에는 센불로 끓이다가 끓으면 중불로 끓인다).

5. 계피 달인 물과 생강 달인 물을 면포에 걸러준다.

6. 냄비에 생강물과 계피물을 붓고 황설탕과 백설탕을 넣어 중불로 끓인다.

7. 곶감은 반으로 칼집을 내어 씨를 제거하고 호두 두 개를 마주보게 겹쳐 돌돌 말아준다.

8. 호두를 넣고 돌돌 말은 곶감은 랩에 꽉 감싸서 냉동실에 넣어둔다.

9. 냉동실에 넣어둔 곶감을 꺼내어 랩이 싸인 채로 썰어준다.

10. 끓인 수정과를 식힌 다음 곶감쌈과 잣을 띄운다.

Tip
- 편 썬 생강은 물에 담가서 전분질을 제거한 후 조리해야 수정과가 탁하지 않고 깔끔한 맛이 난다.
- 실무에서는 생강, 계피를 혼합해서 물을 붓고 한 번에 끓여 낸다.

호박죽

호박의 껍질을 벗긴 후 씨를 제거하고 푹 삶아서 으깨어 체에 거른 뒤 다시 물을 부어 새알심을 넣어 익힌 죽으로 팥이나 콩, 옥수수 등을 넣기도 한다. 호박에는 비타민 A가 풍부하다고 알려져 있다. 예전에는 늙은 호박만을 많아 사용하였으나 요즘은 단호박과 늙은 호박을 섞어서 만든 호박죽을 남녀노소 많이 선호하고 있으며 추운 겨울철에 먹기 더욱 좋은 음식이다.

재료 및 분량

- **주재료** : 늙은 호박 150g, 단호박 300g, 찹쌀가루100g
- **부재료** : 설탕 2Ts, 소금 1ts, 팥 약간

만드는 방법

1. 단호박과 늙은 호박은 껍질을 벗기고 속의 씨를 제거한 후 적당한 크기로 자른다.
2. 찹쌀가루는 익반죽 하되 끓는 물에 소금을 넣는다. 새알심은 작게 동그랗게 만들어 준다(맨 마지막에 물을 살짝 묻혀서 둥글리면 갈라지지 않고 새알심이 예쁘게 나온다).
3. 찹쌀물은 미리 만들어서 준비해 놓는다.
4. 냄비에 손질된 호박과 물은 1:2 비율로 호박이 물에 푹 잠기게 삶아준다(호박이 체에 내렸을 때 푹 내려갈 정도로 삶는다).
5. 푹 삶아진 호박은 체에 걸러서 숟가락을 사용하여 꾹꾹 눌러 주면서 내려준다. 체에 내린 호박은 물을 조금 붓고 다시 가열한다.
6. 새알심도 함께 넣어서 끓인다. 호박죽 위에 거품은 중간중간 걷어내고 새알심이 다 익으면 설탕 2Ts, 소금 1Ts 넣는다.
7. 미리 풀어 놓은 찹쌀물을 넣고 잘 섞어 준 후 농도가 알맞게 되면 마무리하여 보기 좋게 그릇에 담아낸다.

Tip
- 가성비와 맛을 좋게 하기 위해서 단호박과 늙은 호박의 비율은 2:1 정도가 좋다.
- 호박을 찜통에 찌기도 하지만 실무에서는 물에 푹 삶아서 믹서에 갈아서 사용한다.

폭탄 달걀찜

달걀을 곱게 풀어서 새우젓이나 소금으로 간하여 쪄낸 부드러운 음식이다. 달걀은 열량이 낮고 단백질을 비롯한 필수아미노산과 지방산을 함유한 완전식품으로 성장기 어린이나 노약자분들에게 주요한 영양공급원이며 부드럽고 맛이 좋아 가정에서 인기가 많은 음식이다.

재료 및 분량

- **주재료** : 달걀 3개, 우유 1Ts, 당근 10g, 양파 5g, 대파 1Ts, 마늘 ½Ts, 실파 10g
- **부재료** : 치킨스톡 0.5Ts, 소금 0.3ts, 후춧가루 약간, 청주, 미림, 물

만드는 방법

1. 달걀에 우유 1Ts, 청주, 미림을 약간 첨가하고 믹서에 넣고 갈아 준다.

2. 갈아 놓은 달걀은 치킨스탁 1Ts(없으면 소고기 다시다로 대신 첨가해도 됨)과 소금 소량을 넣어준다.

3. 양파, 당근, 실파는 다져서 넣고 다진 마늘 소량, 후춧가루 1ts 넣고 잘 섞어준다.

4. 뚝배기에 물(1~2배)이 끓어오르면 달걀찜 재료를 넣고 한 방향으로 계속 저어 준다.

5. 달걀찜은 바닥에 눌어 붙지 않도록 계속 저어준다. 달걀이 어느 정도 엉기면 불을 끄고 쿠킹호일로 뚝배기 윗부분을 덮어 열기가 새지 않도록 한다.

6. 뚝배기의 잔열로만 익도록 3~4분 정도 기다려 주면 완성된다(달걀이 부풀어 올라와 있다).

Tip
- 물은 달걀의 양에 1~2배 정도 넣는다.
- 달걀의 양에 비해 물을 적게 넣으면 달걀찜의 진한 맛은 강해지나 부드러움이 떨어지고 물을 많이 넣으면 달걀찜의 부드럽지만 진한 맛이 떨어지니 기호에 맞게 물의 양은 가감한다.
- 뜸 들이는 시간이 짧으면 달걀이 속까지 익지 않거나 달걀찜이 많이 부풀지 못한다.

편수

여름철 조선 시대의 대표적인 궁중 음식으로 차가운 육수에 띄워
먹는 사각형 모양의 만두다. 편수는 물 위에 조각이 떠 있는 모양
과 같다고 해서 붙은 이름으로 만두소로는 상하기 쉬운 돼지고기
나 두부 대신 표고버섯, 애호박, 오이, 소고기 등이 사용된다.

재료 및 분량

- **주재료** : 소고기(우둔) 150g, 표고버섯 1장, 호박 ½개, 잣 1Ts, 달걀 1개, 밀가루 ½컵, 숙주 50g, 오이 ¼개
- **부재료** : 소금 1ts, 백설탕 ½Ts, 다진 파 2ts, 다진 마늘 1ts, 검은 후춧가루 약간, 깨소금 약간, 참기름 약간
- **양념장(고기, 표고)** : 간장 1, 설탕 0.6, 다진 파, 다진 마늘, 검은 후춧가루 약간, 깨소금 약간, 참기름 약간
- **초간장** : 진간장 1Ts, 백설탕 ½Ts, 식초 ½Ts

만드는 방법

1. 밀가루는 체에 내려 소금을 넣고 준비한다.
2. 밀가루에 물을 넣고 반죽하여 많이 치대어 준다.
3. 랩에 씌워서 20~30분 정도 숙성시킨다.
4. 고기는 핏물을 제거하고 냄비에 물 두 컵, 마늘, 파, 통후추 넣고 끓인다. 육수가 끓기 시작하면 거품을 걷어내면서 불을 줄인다.
5. 육수의 간은 소금과 간장으로 맞추고, 면포에 걸러낸다.
6. 숙주는 끓는 물에 소금 넣고 살짝 데쳐서 찬물에 식힌 다음에 물기를 제거하고 0.5cm 정도 크기로 썰고 참기름, 소금으로 간을 한다.
7. 호박과 오이는 돌려 깎기 해서 4~5cm 길이로 채 썰어서 소금에 절인다.
8. 불린 표고버섯은 가늘게 채 썰고 다진 소고기와 합하여 양념한다.
9. 달걀은 황 · 백으로 나누어 지단을 부치고 식힌 뒤 마름모꼴로 잘라서 준비한다.
10. 팬에 식용유를 두르고 물기를 제거한 오이와 호박을 살짝 볶아서 접시에 담아낸다.
11. 식용유를 두르고 양념한 소고기와 표고버섯도 볶아준다.
12. 볶아 놓은 고기와 채소는 큰 그릇에 펴서 식힌다.
13. 반죽은 밀기 전에 방망이에 덧가루를 바르고 바닥에도 뿌려준다. 얇게 펴주고 가로 세로 7cm 로 잘라서 도마 위에 놓는다.
14. 만두피를 도마 위에 펴고 소를 넣고 네모지게 빚는다.
15. 찜통에 물이 끓으면 편수를 넣고 뚜껑을 닫고 10분 전 · 후 쪄준다.
16. 그릇에 편수와 식힌 육수를 담고 마름모꼴 지단을 띄워서 초간장과 같이 낸다.

배숙

배에 통후추를 박아 꿀물이나 설탕물에 끓여 식힌 음료로 조선시대에는 매우 귀해서 궁중에만 있었다. 배는 우리나라에서 생산된 배가 으뜸으로 9월부터 11월이 제철이다. 한방에서는 배는 호흡기 질환을 다스리는 데 좋다고 하였으며 현대의 영양학적 면에서도 칼륨, 식이섬유, 솔비톨, 폴리페놀 등의 성분이 들어 있어 당뇨병을 예방하며 변비를 막아 주고 콜레스테롤 수치 상승을 억제한다.

재료 및 분량

- **주재료** : 배 150g(¼), 통후추 15개, 생강 30g, 잣 3개
- **부재료** : 황설탕 30g, 백설탕 20g

만드는 방법

1. 생강은 물에 담가서 전분을 제거한 후 물 3컵에 편으로 썬 생강을 넣고 끓여 생강물을 만든다.
2. 끓인 생강물을 면포에 내려 불순물을 제거한다.
3. 설탕과 황설탕이 1:1 비율이지만 색을 조금 더 진하게 하기 위해서는 황설탕이 더 많이 들어간다(3 :1 정도가 색이 예쁘다).
4. 배의 모서리를 다듬고 배의 등 쪽에 통후추 3개를 일정한 간격으로 놓는다.
5. 통후추가 배의 0.5cm 정도의 깊이로 들어갈 수 있도록 밀어 넣는다(익히는 과정에서 통후추가 빠지지 않도록 한다).
6. 배가 투명해질 때까지 약불로 잔잔하게 삶아 익힌다.
7. 익힌 배와 생강을 완성그릇에 담고, 잣 3개를 띄워 완성한다. 잣을 올릴 때 기름기 때문에 씻은 뒤 잘 닦아서 올린다.

Tip
- 생강은 손질해서 물에 담가둬서 전분기를 제거해야 배숙이 탁하지 않다.
- 배숙은 배가 뜰 정도의 당도가 알맞다.
- 통후추는 표면에 3mm 정도 들어가야 빠지지 않는다.
- 배는 칼로 한 번에 껍질을 날려야 표면이 매끈하게 나온다.
- 약불로 잔잔하게 익혀야 통후추가 빠지지 않는다.

다섯번째 한식

국제요리 수상작

해산물 치자 수프

재료 및 분량

새우 1마리, 관자 1개, 당근 5g, 인삼 1뿌리, 오레가노 2줄기, 소금 약간, 후추 약간
육수 : 해감 조개 50g, 다시마 5cm 1장, 치자 2개, 물 400ml

만드는 방법

1. 조개를 소금물에 담가 해감을 시킨다.

2. 다시마는 젖은 행주로 닦아 하얀 가루를 털어내고 해감한 조개를 비벼가며 씻은 후 물에 2~3회 헹군다.

3. 냄비에 조개와 다시마, 인삼을 넣고 물을 부어 끓인 후 불순물을 제거하고 면포에 육수를 부어 맑은 육수만 받는다.

4. 육수에 소금으로 간을 하고 치자를 넣어 색을 내준다.

5. 당근을 샤또(럭비공) 모양으로 다듬어준다.

6. 새우와 당근을 물에 익을 때까지 데쳐준다.

7. 관자에 소금과 후추로 밑간을 해주고 기름을 두른 후 강불에 관자를 20초 정도 구워준다.

8. 접시에 새우와 관자, 인삼 뿌리, 가니쉬를 사용하여 그림과 같이 플레이팅 해준다.

9. 육수를 붓고 오레가노를 올려 완성한다.

Tip
· 관자를 구울 땐 오래 굽게 되면 질겨질 수 있다.
· 치자물은 전날 따뜻한 물에 불려서 사용한다(당일 날 사용할 때는 따뜻한 물과 함께 믹서로 갈아서 사용).
· 전시요리의 경우 치자육수에 가루젤라틴을 혼합하여 냉장고에 식힌 후 굳혀서 전시한다.

우리 쌀을 이용한 오방색 쌀 테린

재료 및 분량

쌀 250g, 김 2장, 닭다리살 250g, 오징어 먹물 5g, 빨간 파프리카 1개, 시금치 30g, 치자 2개, 천연 색소(치자청 색소) 1g, 소금 약간, 후추 약간

단촛물 : 식초 60g, 설탕 30g, 소금 10g, 레몬즙 3g

만드는 방법

1. 시금치를 깨끗이 씻어 물 10g을 붓고 믹서에 곱게 간 다음 면포에 넣고 꼭 짠 후 볼에 넣고 농도가 되직할 정도로 중탕 가열한다.

2. 빨간 파프리카를 강불에 태워 껍질을 벗겨준 후 곱게 다져 면포에 넣고 파프리카 물을 짜낸 다음 농도가 되직할 정도로 끓여준다.

3. 치자를 반으로 자르고 물 100ml와 함께 농도가 되직할 정도로 끓여준다.

4. 오징어 먹물과 치자청 색소를 준비한다.

5. 각 냄비에 쌀 50g씩 준비한 다음 각각 완성된 천연 색소를 넣고 밥을 지어준다.

6. 식초 60g, 설탕 30g, 소금 10g, 레몬즙 3g을 넣고 끓여 단촛물을 만들어준다.

7. 완성된 밥에 단촛물을 1Ts씩 넣고 한김 식혀준다.

8. 김을 깔고 완성된 밥을 각각 하나씩 말아준다.

9. 닭고기와 소금, 후추를 약간 넣고 믹서에 갈아서 체에 걸러준다.

10. 갈아준 닭고기를 펼치고 말아놓은 밥들을 위에 차례대로 깔고 말아준다.

11. 말아준 테린을 찜기에 쪄준 후 찬물에 담가 식힌다.

12. 한입 크기로 자르고 가니쉬를 곁들여 완성한다.

> **Tip**
> • 안에 내용물을 가운데로 잘 잡히도록 견고하게 말아준다.

다시마로 감싼 푸아그라 테린

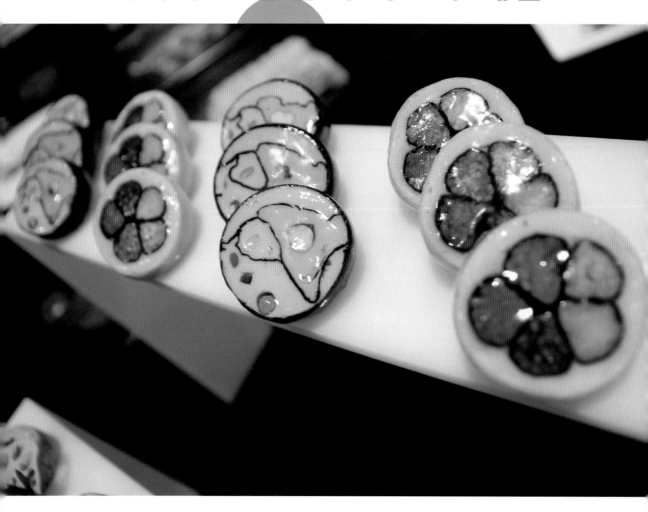

재료 및 분량

푸아그라 250g, 다시마 15cm 1장, 김 2장, 아스파라거스 1개, 피스타치오 8g, 비트 ½개, 빨간 파프리카 ½개, 치자 2개, 천연 색소(치자청 색소) 1g, 소금 4.5g, 설탕 2g, 후추 0.5g, 우유 200mL

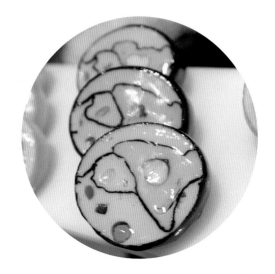

만드는 방법

1. 푸아그라 덩어리의 힘줄을 제거하고 소금 4.5g, 설탕 2g, 후추 0.5g을 넣어 밑간 해준다.

2. 푸아그라에 우유 200mL를 넣고 부드러워질 때까지 재워준다.

3. 비트 껍질을 제거하고 한입 크기로 썰어 물 100mL와 함께 농도가 되직할 정도로 끓여준다.

4. 치자를 반으로 자르고 물 100ml와 함께 농도가 되직할 정도로 끓여준다.

5. 치자청 색소를 준비한다.

6. 각 천연색소를 푸아그라와 섞어준다.

7. 다시마를 펼치고 각각의 푸아그라와 파프리카, 아스파라거스, 피스타치오를 김과 함께 차례대로 깔고 말아준다.

8. 말아준 테린을 찜기에 쪄준 후 조직이 견고해질 때까지 24시간 이상 냉장 보관한다.

9. 한입 크기로 자르고 가니쉬를 곁들여 완성한다.

Tip

· 테린은 재료의 물기 제거가 잘 이루어져야 완성되었을 때 단단하다.
· 푸아그라의 힘줄을 제거할 때 살을 긁어내다시피 해준다.

검은깨의 고소함을 더한 (닭고기) 테린

재료 및 분량

닭다리살 250g, 양배추 2장, 검은깨 10g, 목이버섯 10g, 아보카도 1개, 무화과 20g, 생크림 100mL,
설탕 약간, 소금 약간, 후추 약간

만드는 방법

1. 양배추를 찜기에 넣고 살짝 익혀준다.

2. 닭고기와 생크림, 소금, 후추 약간을 넣고 믹서에 갈아서 체에 걸러준다.

3. 갈아준 닭고기에 검은깨를 고루 섞어준다.

4. 아보카도 껍질과 씨를 제거하고 으깨준 후 설탕 약간을 넣어준다.

5. 토마토의 씨와 껍질을 제거하고 길게 채 썰어준다.

6. 양배추를 펼치고 닭고기와 목이버섯, 으깬 아보카도, 토마토를 차례대로 깔고 말아준다.

7. 말아준 재료들을 사각틀로 모양을 잡아준다.

8. 모양을 잡은 테린을 찜기에 쪄준 후 찬물에 담가 식힌다.

9. 한입 크기로 자르고 가니쉬를 곁들여 완성한다.

Tip
- 테린은 재료의 물기 제거가 잘 이루어져야 완성되었을 때 단단하다.
- 사각틀이 없을 시 원형으로 말아서 익힌 후 식혀서 칼로 사각모양으로 잘라서 사용한다.

두 가지 특제 소스를 곁들인
애호박 해산물 찜

재료 및 분량

새우 2마리, 관자 3개, 애호박 1개, 발사믹 식초 1ts, 소금 약간, 후추 약간
아보카도 소스 : 아보카도 무스 30g, 양파 8g, 소금 1g, 설탕 0.5g, 올리브오일, 레몬 주스 약간
게살크랩 소스 : 게살 30g, 다진 양파 5g, 마요네즈 10g, 설탕 5g, 소금, 후추, 레몬 주스 약간

만드는 방법

1. 양파를 다지고 애호박은 모양에 맞춰 길게 썰어준다.

2. 새우의 수염을 정리하고 내장을 제거한다.

3. 관자와 애호박에 소금으로 밑간해준다.

4. 아보카도 무스 30g과 다진 양파 8g, 소금 1g, 설탕 0.5g, 올리브오일, 레몬주스 약간을 넣고 고루 섞어 아보카도 소스를 만들어준다.

5. 게살 30g과 다진 양파 5g, 마요네즈 10g, 설탕 5g, 소금, 후추, 레몬주스 약간을 넣고 고루 섞어 게살크랩 소스를 만들어준다.

6. 찜기에 새우와 관자, 애호박을 넣고 5분간 쪄준다.

7. 찐 애호박을 깔고 새우와 관자를 올린 후 발사믹 식초 1ts을 곁들여 플레이팅한다.

8. 완성된 소스를 담고 가니쉬를 곁들여 완성한다.

Tip
- 해산물을 조리함에 있어 열기를 오래 가하게 되면 질겨질 수 있으므로 주의한다.
- 소스의 농도는 되직하게 만들어준다.

파슬리 향을 낸 오징어 무스 테린

재료 및 분량

오징어 2마리, 달걀 2개, 목이버섯 15g, 파슬리 10g, 완두콩 5g, 검은 콩 5g, 생크림 100mL, 빨간 파프리카 1개, 노란 파프리카 1개, 소금 약간, 후추 약간

만드는 방법

1. 빨간 파프리카와 노란 파프리카를 강불에 태워 껍질을 벗겨준 후 곱게 다져 면포에 넣고 각각의 파프리카 물을 짜낸 다음 농도가 되직할 정도로 끓여준다.

2. 오징어와 생크림, 달걀 흰자, 소금, 후추 약간을 넣고 믹서에 갈아서 체에 걸러준다.

3. 파슬리를 다지고 준비된 파프리카 색소들을 이용해 각각 오징어 무스 ¼ 정도 양에 따로 넣어 네 가지 오징어 무스를 만들어준다.

4. 목이버섯을 펼치고 파프리카 색소를 넣은 두 가지 오징어 무스를 깔고 작게 말아준 후 찜기에 먼저 쪄준다.

5. 파슬리로 향을 낸 오징어 무스와 소금으로 맛을 낸 오징어 무스를 차례대로 깔아주고 4번의 쪄준 목이버섯 오징어 무스와 콩을 넣고 말아준다.

6. 말아준 테린을 찜기에 쪄준 후 찬물에 담가 식힌다.

7. 한입 크기로 자르고 가니쉬를 곁들여 완성한다.

Tip

· 해산물 테린은 특히 물기 제거에 신경 쓰고 말아줄 때 모양이 흐트러지지 않도록 주의한다.

캐비어를 곁들인 관자 샤프란 단호박 수프

재료 및 분량

관자 1개, 캐비어 1ts, 단호박 30g, 레디쉬 1개, 마늘 1개, 페루비안 페퍼, 오레가노 2줄기, 샤프란 약간, 소금 약간, 후추 약간
육수 : 단호박 30g, 샤프란 약간, 우유 200mL

만드는 방법

1. 단호박을 찜기에 쩌준 후 껍질과 씨를 제거한다.

2. 익은 단호박을 체에 걸러 심지를 제거한 후 믹서에 우유와 함께 곱게 갈아준다.

3. 냄비에 곱게 갈린 단호박과 샤프란, 소금을 넣고 맛과 향을 내준다.

4. 레디쉬를 얇게 편을 썰고 찬물에 담가둔다.

5. 관자를 1cm 두께로 썰고 소금과 후추로 밑간을 한다.

6. 팬에 기름을 두르고 마늘 향을 내준 후 마늘을 빼고 버터를 넣어 관자를 10초만 구워준다.

7. 접시에 관자와 캐비어를 사용하여 그림과 같이 플레이팅 해준다.

8. 육수를 붓고 페루비안 페퍼, 레디쉬, 오레가노를 올려 완성한다.

Tip

· 관자를 구울 땐 오래 굽게 되면 질겨질 수 있다.

· 페루비안 페퍼–페루의 아마존 우림에서만 자란다는 페루비안 페퍼, 약 16세기에 페루 아마존 지역에서 우연히 발견됐으며 물방울 혹은 눈물 모양처럼 생겼다. 생긴 모양 때문에 '스위티 드롭'으로 불리기도 한다. 달콤하면서도 상큼한 것이 토마토 맛이랑 비슷한 것 같지만 끝 맛이 약간 매콤하게 느껴지는 열매로 느끼한 맛을 잡아주면서 입안에 깔끔함을 완성시킨다.

조란

재료 및 분량

대추 10개, 꿀 1Ts, 계핏가루 약간, 잣 6개

만드는 방법

1. 대추는 겉면을 깨끗하게 닦아내고 찜통에서 쪄준다.

2. 쪄낸 대추의 씨를 제거하고 살만 곱게 다져준다.

3. 냄비에 다진 대추와 물 100mL, 꿀, 계핏가루를 넣어 약불에서 계속 저어주며 조린 다음 한 김 식힌다. 조릴 때 농도가 묽지 않도록 주의한다.

4. 조려진 대추를 한입 크기가 되는 대추 원래의 모양으로 빚어준다.

5. 꼭지 부분에 통잣을 반쯤 나오게 하고 잣을 박은 쪽이 위로 가도록 그릇에 담는다.

호박떡

재료 및 분량

불린 멥쌀가루 100g, 팥앙금 20g, 소금 약간

만드는 방법

1. 불린 멥쌀가루에 다양한 색상의 천연 색소 가루를 섞어준다.

2. 소금물을 약간 넣고 비벼 살짝 촉촉한 느낌만 준 뒤 체에 내린다.

3. 김이 오른 찜기에 면포에 싸서 10분간 찐다.

4. 볼에 찐 멥쌀을 넣고 손에 물을 조금씩 묻혀 차지게 될 때 까지 쳐준다.

5. 소량을 펼치고 안에 팥앙금을 넣어 잘 봉합해 준 후 둥글게 만들어준다.

표고버섯을 감싼 한치 테린

재료 및 분량

한치 300g, 표고버섯 8개, 처빌 3g, 리큐르 2Ts, 생크림 3Ts, 검은 콩 3g, 강낭콩 3g, 땅콩 2g, 목이버섯 5g, 비트 15g, 노란 파프리카 1개, 시금치 15g, 김 1장, 소금 약간, 후추 약간

만드는 방법

1. 노란 파프리카를 강불에 태워 껍질을 벗겨준 후 곱게 다져 면포에 넣고 파프리카 물을 짜낸 다음 농도가 되직할 정도로 끓여준다.

2. 시금치를 깨끗이 씻어 물 10g을 붓고 믹서에 곱게 간 다음 면포에 넣고 꼭 짠 후 볼에 넣고 농도가 되직할 정도로 중탕으로 가열한다.

3. 표고버섯을 0.2~3mm 크기로 채 썰어주고 재워둔 한치를 믹서에 곱게 갈아준다.

4. 한치 무스를 덜어서 각각 시금치 색소와 비트 색소, 파프리카 색소에 섞어준다.

5. 김을 펼치고 색깔별로 지름 1cm 크기로 말아준다.

6. 표고버섯을 펼쳐 한치 무스를 올리고 5번의 김말이와 불린 콩, 목이버섯을 올려 말아서 쪄준다.

7. 모양을 잡은 테린을 찜기에 쪄준 후 찬물에 담가 식힌다.

8. 한입 크기로 자르고 가니쉬를 곁들여 완성한다.

> **Tip**
> ・채 썬 표고버섯은 사선으로 오와 열을 맞춰 가지런히 펼쳐야 돋보인다.

양갈비 석류 구이

재료 및 분량

양갈비(숄더랙) 150g, 연근 30g, 땅콩 20g, 양파 20g, 감자 50g, 마늘 3개, 크림치즈 10g, 찹쌀가루 15g, 녹차파우더 10g, 현미가루 15g, 밀가루 50g, 석류엑기스 20g, 버터 20g, 마요네즈 10g, 양송이버섯 20g, 코코넛워터 30g, 화이트와인 15g

만드는 방법

1. 양갈비는 전날 녹차파우더와 현미가루를 앞뒤로 솔솔 뿌려준 후 채 썬 양파와 콩기름에 재워서 준비한다.

2. 먼저 각종 야채는 예쁘게 자른 뒤 오븐에 구워서 준비하고 땅콩은 볶은 뒤 소금 간을 하여 거칠게 다져서 준비한다.

3. 감자는 삶아서 으깬 뒤 한 번 더 곱게 체에 내려준다.

4. 으깬 감자에 파슬리, 후춧가루, 소금, 크림치즈, 버터, 꿀 소량, 마요네즈를 넣고 잘 섞어서 준비해 놓는다.

5. 리오네즈소스를 만든다(양파, 백포도주, 식초, 다임, 데미글라스, 글라스드비앙, 마늘, 월계수잎, 버터, 소금, 후추 약간).

6. 팬에 준비된 양갈비를 굽는다. 굽기 전 앞뒤로 찹쌀가루를 묻히고 톡톡 털어준 후 버터 1Ts과 올리브오일 1Ts 넣고 앞뒤로 medium으로 구워낸다.

7. 양갈비를 구운 팬에 다진 마늘 1Ts을 넣고 향을 낸 뒤 미리 가늘게 얇게 채 썰어 놓은 양송이버섯을 넣고 함께 볶다가 화이트와인 1Ts 넣고 알코올 향을 날려준 후 미리 만들어 놓은 리오네즈소스를 넣고 빠르게 섞어 준다. 다음 석류농축액 1Ts, 코코넛워터 2Ts, 다진 토마토 1Ts, 멸치액젓 1ts 넣고 농도가 걸쭉해질 때까지 볶아서 마무리한다.

8. 구워진 양갈비에 꿀을 앞뒤로 얇게 발라준 후 미리 다져놓은 땅콩가루를 묻힌다.

9. 접시에 먼저 감자샐러드를 올리고 그 위에 양갈비를 올린다. 이후 구운 야채들을 예쁘게 플레이팅 해주고 소스와 함께 곁들인다.

Tip
- 소스에 들어가는 양송이버섯은 실처럼 가늘게 채 썰어야 뭉치지 않고 식감도 좋다.
- 레몬즙을 소량 첨가해도 좋다.

하트 과편

재료 및 분량

오미자 4Ts, 녹차 가루 6Ts, 물 2컵, 녹두녹말 10Ts, 설탕 100g, 꿀 4Ts

만드는 방법

1. 오미자는 색이 선명하고 진한 붉은 것으로 골라 물에 헹구고 체에 건져 물을 붓고 하룻밤을 우려 면포에 걸러서 맑은 오미자액을 모은다.

2. 각각의 녹말에 오미자 액과 녹차가루를 조금씩 붓고 고루 풀어서 냄비에 설탕과 함께 저어주며 끓인다.

3. 나무 주걱으로 저으면서 끓이다 말갛게 익으면서 농도가 되직해지면 꿀을 넣고 잠시 더 끓인 다음 모양 틀에 차례대로 부어 굳히기를 반복하며 층을 만들어준다.

4. 편이 굳으면 틀을 빼고 접시에 담아 완성한다.

Tip
- 완전히 굳은 상태에서 차례대로 부어야 깔끔한 층을 이룰 수 있다..

▣ 참고문헌

강인희, 한국의 맛, 대한교과서, 2000.

국가직무능력표준 NCS 학습모듈 한식기초조리실무 LM1301010120_16v3

김명희 외, 한국의 갖춘 음식, 백산출판사, 2017.

김상보, 조선왕조 궁중의궤음식의 실제, 수학사, 2004.

문화콘텐츠닷컴, 문화원형백과 한의학 및 한국고유의 한약재, 한국콘텐츠진흥원, 2004.

(사)한국식음료외식조리교육협회, 한식조리기능사 실기, 백산출판사, 2019.

송주은 외, 기본 한국조리, 도서출판 효일, 2004.

윤서석 외, 한국음식대관 제1권, 한림출판사, 1997.

윤숙자 외, 윤숙자 교수와 함께하는 한국음식 기초조리, 지구문화사, 2012.

윤숙자, 한국의 시절음식, 지구문화사, 2000.

이연정 외, 한국음식의 이해, 대왕사, 2011.

한국사전연구사, 식품재료사전, 2001.

한국식품과학회, 식품과학기술대사전, 광일문화사, 2004.

한국전통음식연구소, 아름다운 한국음식 300선, 지구문화사, 2012.

한국학중앙연구원, 한국민족문화대백과사전.

한복진, 우리가 정말 알아야 할 우리 음식 백가지 2, 현암사, 1988.

홍진숙 외, 식품재료학, 교문사, 2019.

황현주 외, 전통한식과 약선요리, 지구문화사, 2014.

황혜성, 한국의 전통음식, 교문사, 2010.

www.ncs.go.kr.

■ 저자 소개

김호경

동의과학대학교 호텔조리영양학부 전임교수
Hotel Inter-Continental Seoul Chef(20년)
대한민국 조리 국가대표
대한민국 한식조리 명인
고려대학교 대학원 이학석사
세종대학교 대학원 조리학박사
두바이, 일본 특급호텔 초청 한식프로모션

김효원

세계음식개발연구소 소장
호텔(힐튼, 하얏트, W 워커힐) 조리부
대한민국 조리 명인
유한대학교 호텔관광외식조리학과 겸임교수
고려대학교 대학원 이학박사

손혜경

단비경영컨설팅협동조합 이사
혜전대학교, 충청대학교, 동의과학대학교
　　외래교수
한국관광대학교 외식경영과 겸임교수
밀레니엄 서울 힐튼 호텔 조리부
경기대학교 대학원 관광학석사
　　(외식조리관리 전공)

조윤진

DIPLÔME DE CUISINE LE CORDON BLEU
서울대학교 호암교수회관 조리부
㈜SG다인힐 조리부
세종대학교 대학원 식품조리학박사 과정
세종대학교 대학원 식품조리학석사

황현주

우송대학교 외식조리학부 교수
세종호텔 조리부
과정평가형 한식조리산업기사, 기능사 출제
　　및 평가위원
'한식대첩2'-서울대표 출연
'다보스포럼', 주유엔대표부, 그리스 대사관
　　연회 진행
세종대학교 대학원 조리학박사

이재길

Hotel JW Marriott DDM Executive Chef
　　(총주방장)
아시아나항공 Executive Chef(총주방장)
호텔(쉐라톤 워커힐, 파크 하얏트, 인터컨티
　　넨탈) 조리부
연세대학교 대학원 이학석사

저자와의
합의하에
인지첩부
생략

한식조리기능사 실기 및 호텔한식 실전요리

2020년 3월 25일 초판 1쇄 인쇄
2020년 3월 30일 초판 1쇄 발행

지은이 김호경·조윤진·김효원·황현주·손혜경·이재길
펴낸이 진욱상
펴낸곳 (주)백산출판사
교 정 박시내
본문디자인 강정자
표지디자인 오정은

등 록 2017년 5월 29일 제406-2017-000058호
주 소 경기도 파주시 회동길 370(백산빌딩 3층)
전 화 02-914-1621(代)
팩 스 031-955-9911
이메일 edit@ibaeksan.kr
홈페이지 www.ibaeksan.kr

ISBN 979-11-6567-055-9 93590
값 23,000원